今すぐ使えるかんたん **PLUS**

エイチティーエムエル & シーエスエス

HTML & CSS
逆引き大事典

HTML5 CSS3 対応

技術評論社

本書の使い方

セクションという単位ごとに機能を順番に解説しています。

セクション名は、具体的な作業を示しています。

※IE10とOpera12.1+以外はプレフィックスが必要

Chapter 6

SECTION 13

CSS3でテキストを2段組で表示してみよう

CSS 2.1 には段組みレイアウトの機能はありませんでしたが、CSS3 には「column-count」というプロパティが用意されています。段数を指定するだけの簡単な記述です。「p { column-count: 2; }」のように指定すれば 2 段組みで表示されます。

セクションで扱うメインの構文です。⏎は実際には改行しないで一文であることを示しています。

```
段組みにしたい要素 { column-count: 段数 ; }
```

現在普及している CSS 2.1 で段組みレイアウトを表現するには、float プロパティによる面倒なテクニックが必要でしたが、CSS3 には column-count という段組みのためのプロパティが用意されています。2 段組みであれば、「column-count: 2;」と指定するだけで簡単に表現できます。

ただし、まだ新しいプロパティですから、IE10 と Opera（12.1+）以外はプレフィックスという接頭辞を付ける必要があります。Safari と Chrome は「-webkit-」を付けますので「-webkit-column-count: 2;」を追加します。Firefox は「-moz-」を column-count プロパティの頭に付けます。

このセクションと関係のあるセクションです。合わせて読むとより理解が深まります。

📖 参考

→ 6-01　ウェブページで表現できるレイアウトの種類について
→ 6-09　画像とテキストの間隔を調整してみよう
→ 6-11　テキストを 2 段組で表示してみよう

表示できるブラウザの種類とバージョンです。

Internet Explorer / Firefox / Safari / Chrome / Opera

サンプルコードのファイル名です。ダウンロードの方法は5ページに記しています。

■ ソースコード　06_13.html

SECTION 07 を参照　　　　　　　　　　　　　　　　　　　CSS

```
body { margin: 2em; padding:1em 3em; border: 1px solid #000; }
.multicol { -moz-column-count: 2; -webkit-column-count: 2;
column-count: 2; }
.firstline { margin-top: 0; }
```

<div class="multicol">～</div> の領域に対して段組み（段数は2）を指定

段組みの1行目の余白を調整（上の余白を0に指定）

```
<h3>インターネットの検索機能を活用した情報収集</h3>
<div class="multicol">
 <p class="firstline">インターネットは私たちの社会に浸透し、（～以下省略）大きな変化だといえるでしょう。</p>
 <p>検索もインターネットの強力な機能です。私たちは、気になる製品があった場合、（～以下省略）迅速に情報収集できます。</p>
</div>
```

HTML

ポイントとなる部分をサンプルコードから抜粋しています。コードの全内容はサンプルファイルを [メモ帳] で開いて（5ページ参照）ご確認ください。

■ ブラウザの表示

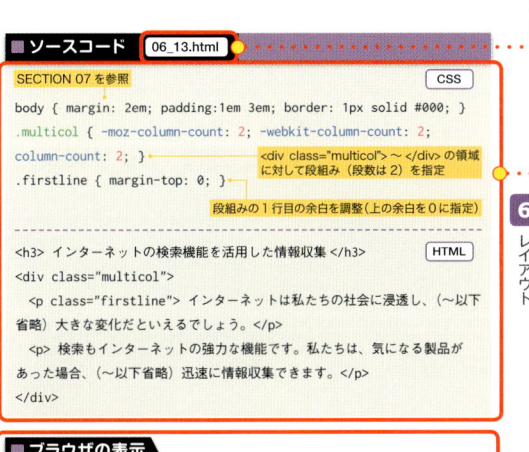

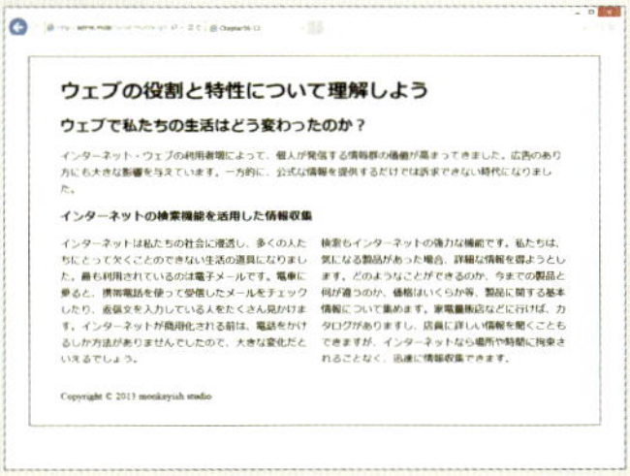

サンプルコードをインターネット上で表示したときの見え方です。

Memo　プレフィックスなしで表示できるブラウザは IE10 と Opera 12.1 以上だけです（2013年3月現在）。プレフィックス付きのプロパティ (-moz-column-count: 2; -webkit-column-count: 2;) を記述した後に、CSS3 のプロパティ「column-count: 2;」を記述してください。

補足説明です。応用方法などもここで解説しています。

サンプルファイルのダウンロードと使い方

本書で解説しているサンプルは、以下のサイトでダウンロードすることができます。
`http://gihyo.jp/book/2013/978-4-7741-5632-3/support`
上記サイトよりサンプルファイルをダウンロードする方法は、以下の通りです。

手順1
Internet Explorerのアドレス欄に上記URLを入力し、Enterキーを押します❶。表示された画面の[Sample.zip]を左クリックします❷。

手順2
[名前を付けて保存]を左クリックします❶。

手順3
[名前を付けて保存]画面で保存場所を選択し、[保存]を左クリックします❶。ここではデスクトップを選択しています。

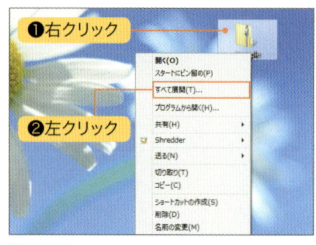

手順4
手順3で保存されたファイル[Sample.zip]を右クリックし❶、[すべて展開]を左クリックします❷。

※コードの他にデータ(画像など)が必要な場合は、各セクションのフォルダ内にまとめています。

ダウンロードしたサンプルの使い方は、以下の通りです。

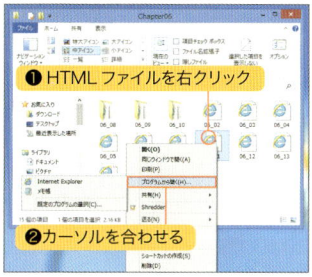

手順1

htmlファイルを右クリックします❶。[プログラムから開く]にカーソルを合わせて❷、[Internet Explorer]もしくは[メモ帳]を左クリックします。

手順2

[Internet Explorer]を左クリックすると、ブラウザが起動し、インターネット上での表示を確認できます。

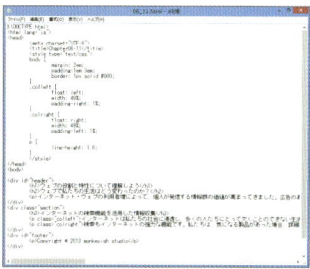

手順3

[メモ帳]を左クリックすると、メモ帳が起動し、サンプルコードの中身が確認できます。本書内では省略している部分もここですべて見ることができます。

注意

本書で使用しているサンプルの表示には、Internet Explorerなどのブラウザが必要です。また、表示の確認には、iPhone、iPad、Androidスマートフォンなどを用いている箇所がありますが、これらの表示環境は別途用意してください。機種やOSあるいはブラウザのバージョンなどにより、表示結果は異なります。なお、Macの場合は設定の変更が必要になります。ダウンロードサイトでご確認ください。

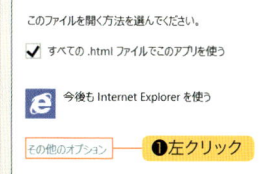

手順1でこのような画面が表示されたときは、[その他のオプション]を左クリックします。表示された画面で[メモ帳]をクリックすると、メモ帳で開くことができます。

CONTENTS

- 本書の使い方 —— 2
- サンプルファイルのダウンロードと使い方 —— 4

第 1 章　HTMLとCSSの基本

- 01　HTMLとは —— 12
- 02　HTMLの種類について理解しよう —— 14
- 03　HTMLの書き方をマスターしよう —— 16
- 04　HTMLのルールを理解しよう —— 18
- 05　ウェブページの組み立て方を理解しよう —— 20
- 06　CSSとは —— 22
- 07　CSSの種類について理解しよう —— 24
- 08　CSSの基本文法をマスターしよう —— 26
- 09　CSSを記述する場所について理解しよう —— 28
- 10　CSSの仕組みについて理解しよう —— 30
- 11　ウェブブラウザについて理解しておこう —— 32
- 12　デフォルトのCSSについて理解しておこう —— 34

第 2 章　ウェブページの情報

- 01　ブラウザに表示される情報と表示されない情報について —— 38
- 02　HTMLの全体構造を把握しよう —— 40
- 03　使用するHTMLのバージョンを決めよう —— 42
- 04　ウェブページのタイトルを付けよう —— 44
- 05　キーワードを入力しよう —— 46
- 06　ウェブページの説明文を記述しよう —— 48
- 07　作成者の問い合わせ先を記述しよう —— 50

第 3 章　見出し・本文・リスト

- 01　テキストとフォントの指定方法について —— 54
- 02　ページの見出しを記述しよう —— 56

- 03 段落を記述しよう —— 58
- 04 箇条書きを記述しよう —— 60
- 05 重要な語句を指定してみよう —— 62
- 06 文章を引用してみよう —— 64
- 07 漢字にルビを振ってみよう —— 66
- 08 見出しの大きさを変更しよう —— 68
- 09 字体を変更しよう —— 70
- 10 行と行の間隔を調整してみよう —— 72
- 11 インデント(字下げ)を指定しよう —— 74

第4章 画像

- 01 ウェブページで使用できる画像の種類と特長について —— 78
- 02 画像を配置しよう —— 80
- 03 画像の情報(代替テキスト)を入力しておこう —— 82
- 04 画像のサイズをピクセルで指定しよう —— 84
- 05 見出しの画像を配置しよう —— 86
- 06 キャプションを付けてみよう —— 88
- 07 画像を中央揃えにしてみよう —— 90
- 08 画像に枠線を付けてみよう —— 92
- 09 画像のサイズをパーセントで指定しよう —— 94
- 10 ページ全体に背景パターンを表示させよう —— 96
- 11 ページ全体に背景画像を表示させよう —— 98

第5章 ハイパーリンク

- 01 ハイパーリンクの仕組みと活用方法について —— 102
- 02 他のページにリンクしてみよう —— 104
- 03 外部のホームページにリンクしてみよう —— 106
- 04 同じページの特定の箇所に移動させよう —— 108
- 05 リンクしたページを新しいウィンドウに表示させよう —— 110
- 06 ダウンロードのリンクを指定しよう —— 112

- 07 メーラーを起動させるリンクを指定しよう —— 114
- 08 画像をリンクのボタンにしてみよう —— 116
- 09 テキストリンクの色を変更しよう —— 118

第6章 レイアウト

- 01 ウェブページで表現できるレイアウトの種類について —— 122
- 02 ページ内の複数の要素をグループ化しよう —— 124
- 03 要素のグループに名前を付けよう —— 126
- 04 余白を設定してみよう —— 128
- 05 ページ全体に枠線を付けてみよう —— 130
- 06 ページ全体を中央揃えにしよう —— 132
- 07 見出しを中央揃えにしよう —— 134
- 08 画像の周辺にテキストを流し込んでみよう —— 136
- 09 画像とテキストの間隔を調整してみよう —— 138
- 10 テキストの流し込みを止めよう —— 140
- 11 テキストを2段組で表示してみよう —— 142
- 12 テキストを3段組で表示してみよう —— 144
- 13 CSS3でテキストを2段組で表示してみよう —— 146
- 14 CSS3でテキストを3段組で表示してみよう —— 148
- 15 テキストや画像をページ内で自由に配置してみよう —— 150
- 16 テキストを縦書きで表示してみよう —— 152

第7章 表組み

- 01 表の構造と指定方法について —— 156
- 02 基本的な表組みを指定してみよう —— 158
- 03 セルの間隔を調整しよう —— 160
- 04 表組みの枠線の太さを変更してみよう —— 162
- 05 上下のセルを結合しよう —— 164
- 06 左右のセルを結合しよう —— 166
- 07 表組み全体の幅を指定しよう —— 168

CONTENTS

08 セル内と枠線に色を設定してみよう —— 170

第8章 フォーム

01 入力フォームの定義とフォーム部品について —— 174
02 1行のテキスト入力欄を指定してみよう —— 176
03 送信ボタンとリセットボタンを指定してみよう —— 178
04 汎用ボタンを指定してみよう —— 180
05 複数行のテキスト入力欄を指定してみよう —— 182
06 パスワード専用の入力欄を指定してみよう —— 184
07 複数のテキスト入力欄をグループにして見出しを付けよう —— 186
08 ラジオボタンとチェックボックスを指定してみよう —— 188
09 選択メニューを指定してみよう —— 190
10 送信ボタンを画像で表現しよう —— 192

第9章 マルチメディア

01 ビデオ・オーディオ・アニメーションの使い方について —— 196
02 ページに動画を配置しよう —— 198
03 YouTubeのビデオを埋め込んでみよう —— 200
04 Ustreamのライブ映像を埋め込んでみよう —— 202
05 ページに音声を配置しよう —— 204
06 ページにGoogleマップを埋め込んでみよう —— 206
07 ページにFlashアニメーションを配置しよう —— 208

第10章 モバイル

01 スマートフォンやタブレットで見るウェブページについて —— 212
02 iPhoneでページを表示させてみよう —— 214
03 Androidスマートフォンでページを表示させてみよう —— 216
04 iPadでページを表示させてみよう —— 218
05 Androidタブレットでページを表示させてみよう —— 220
06 スマートフォンとタブレットでレイアウトを変えてみよう —— 222

第11章 ソーシャルメディア

- **01** ウェブページとソーシャルメディアの連携について —— 226
- **02** ツイッターの投稿ボタンを設置しよう —— 228
- **03** フェイスブックのいいね！ボタンを設置しよう —— 230
- **04** Googleの「+1 ボタン」を設置しよう —— 232
- **05** はてなブックマークのボタンを設置しよう —— 234
- **06** ソーシャルボタンをまとめて設置しよう —— 236

付録1 HTML5のコンテンツモデル —— 238
付録2 CSSリファレンス（フォント、色）—— 251
付録3 CSSリファレンス（ボックスの配置）—— 264
付録4 CSSリファレンス（レイアウトデザイン）—— 268

● 索引 —— 285

ご注意：ご購入・ご利用の前に必ずお読みください

- 本書に記載した内容は、情報の提供のみを目的としています。したがって、本書を用いた運用は、必ずお客様ご自身の責任と判断によって行ってください。これらの情報の運用の結果について、技術評論社はいかなる責任も負いません。

- 本書は、以下の環境での動作を検証し、画面図を撮影しています。
パソコンのOS：Windows 8 Home Premium
使用ブラウザ：Internet Explorer 10
iPhone, iPad OS: iOS 6
Androidスマートフォン（Galaxy S II）OS: Android 2.3.3
Androidタブレット（Nexus 7）OS: Android 4.2.1

- ソフトウェアやWebサイトに関する記述は、特に断りのない限り、2013年3月現在での最新バージョンを元にしています。ソフトウェアはバージョンアップされる場合があり、本書での説明とは機能内容や画面図などが異なってしまうこともあり得ます。あらかじめご了承ください。

- インターネットの情報については、URLや画面等が変更されている可能性があります。ご注意ください。

以上の注意事項をご了承いただいたうえで、本書をご利用願います。これらの注意事項をお読みいただかずに、お問い合わせいただいても、技術評論社は対処しかねます。あらかじめ、ご承知おきください。

■ 本書に掲載した会社名、プログラム名、システム名などは、米国およびその他の国における登録商標または商標です。本文中では、™、®マークは明記していません。

第 1 章
HTMLとCSSの基本

- **01** HTMLとは
- **02** HTMLの種類について理解しよう
- **03** HTMLの書き方をマスターしよう
- **04** HTMLのルールを理解しよう
- **05** ウェブページの組み立て方を理解しよう
- **06** CSSとは
- **07** CSSの種類について理解しよう
- **08** CSSの基本文法をマスターしよう
- **09** CSSを記述する場所について理解しよう
- **10** CSSの仕組みについて理解しよう
- **11** ウェブブラウザについて理解しておこう
- **12** デフォルトのCSSについて理解しておこう

Chapter 1

SECTION 01 HTMLとは

ウェブページの作成は、HTMLのタグを使って文書を構造化していく作業だと捉えてよいでしょう。この作業をマークアップと呼びます。「ここがページのタイトルです」「ここが記事の見出しです」といった意味付けをしていきます。

文書を構造化して機械が利用できる状態にする

HTMLは、HyperText Markup Language（ハイパーテキスト・マークアップランゲージ）の略称です。エイチ・ティー・エム・エルと呼びます。インターネット上で公開されているウェブページはすべてHTMLで記述されています。ウェブページのことをHTML文書と言いかえてもかまいません。まず、ハイパーテキスト・マークアップランゲージとは何か理解しておきましょう。

ハイパーテキストは、複数のドキュメントを相互に参照し合う仕組みです。例えば、文書Aに記されている「富士山」の語句が、文書Bの「富士山の解説文」を参照する、といった文書の拡張が可能になります。まさに、ハイパー（超越した）テキストです。また、参照し合うことをハイパーリンクと呼び、参照の指定を「リンクを張る」などと言います。

ハイパーテキストの歴史は古く、1945年に発表されたヴァネヴァー・ブッシュ（Vannevar Bush／米国の技術者）の論文が始まりです。インターネットで使えるようになったのは、1990年に入ってからです。ウェブを考案したティム・バーナーズ＝リー（Tim Berners-Lee／英国の計算機科学者）によって利用可能なシステムが構築されました。

マークアップランゲージとは、マークアップするための言語です。マークアップは、タグと呼ばれる文字列を追加することで、文書を構造化する作業だと理解してよいでしょう。

文書の見出しであれば、h1からh6までのタグが用意されており、

<h1>インターネットの歴史</h1>のように記述すると、「インターネットの歴史」の部分が、最もレベルが高い見出し、つまり大見出し（ページのタイトルなど）になります。

このように、見出し、小見出し、段落などを定義していくことで、文書が構造化され、インターネット上で有益な情報になっていきます。この場合の有益な情報とは、機械（検索エンジンなどのプログラム）が文書の内容を解釈し、再利用可能になることです。より多くの人に見てもらいたいなら、正しいHTMLを記述しなくてはいけません。

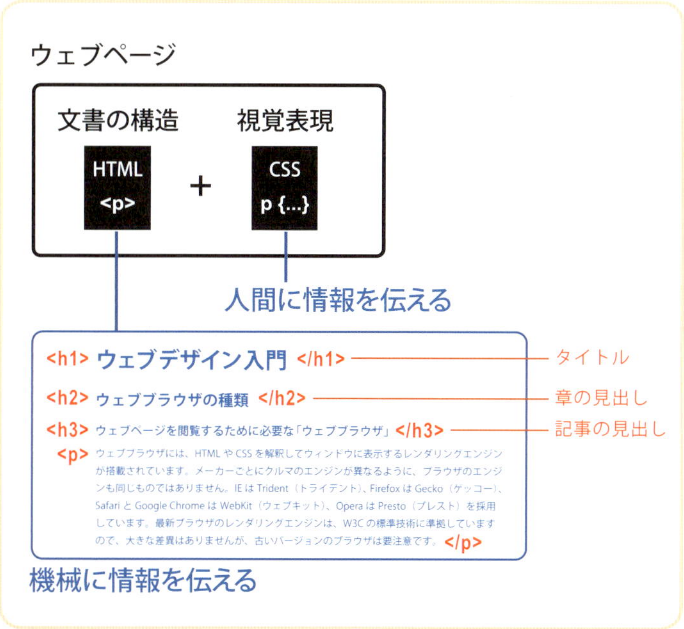

 ウェブページとHTML

> **Memo**
> HTMLはあくまで文書の意味付けに使われます。付けられたタグを検索エンジンなどが解釈して、ウェブページの内容を理解してくれるわけです。このように機械（プログラム）が読める状態を「マシンリーダブル」と言います。

Chapter 1

SECTION 02 HTMLの種類について理解しよう

HTMLはパソコンのOSと同じように複数の種類とバージョンがあります。最新のバージョンは「HTML5」ですが、XHTMLなど、今まで主流だった仕様もまだ使われています。HTMLの種類とバージョンについて理解しておきましょう。

主流のXHTMLに代わり注目を浴びるHTML5

　HTMLには種類とバージョンがあります。パソコンのOSやアプリケーションソフトと同じです。パソコンで例えてみましょう。OSには、WindowsやMac OS、Linuxなどがあり、WindowsはXPやVista、7、8などのバージョンに分けられます。新しいバージョンが登場しても、すべてのユーザーが移行するわけではありませんので、常に複数のバージョンが混在することになります。

　HTMLには、3.2、4.01、5のバージョンがありますが、XHTML（1.0と1.1）というHTMLとは仕様が若干異なるHTMLもあります。

　XHTMLは、Extensible HyperText Markup Languageの略称で、エクステンシブル（拡張可能）なHTMLのことです。バージョン1.0は、2000年1月26日に勧告され、すでに普及していたHTML 4.01（1999年12月24日に勧告）から移行するサイトが増えていきます。その後、2002年8月1日には改訂版(Second Edition)、2001年5月31日にバー

> 参考
>
> → 1-01　HTMLとは
> → 1-03　HTMLの書き方をマスターしよう
> → 1-04　HTMLのルールを理解しよう

ジョン 1.1、2010 年 11 月 23 日には 1.1 の改訂版が勧告されました。

文法は HTML より厳格で、覚えなければいけないルールも増えますが、2000 年半ばからは XHTML が主流になり、新規のウェブサイトは、XHTML でつくられるようになりました。

状況が変わってきたのは、HTML5 が次世代 HTML として認知され始めてからです。HTML5 は、WHATWG というブラウザを開発している企業（Apple、Mozilla、Opera など）が集まるグループによって、2004 年から議論され、2007 年以降は、HTML、XHTML の仕様を決めている「W3C（World Wide Web Consortium：ワールド・ワイド・ウェブ・コンソーシアム）」で策定作業が進められています。XHTML の次期バージョン 2.0 は、2009 年 07 月 03 日に策定の停止が発表され、HTML5 の存在が多くの人たちに注目されるようになりました。

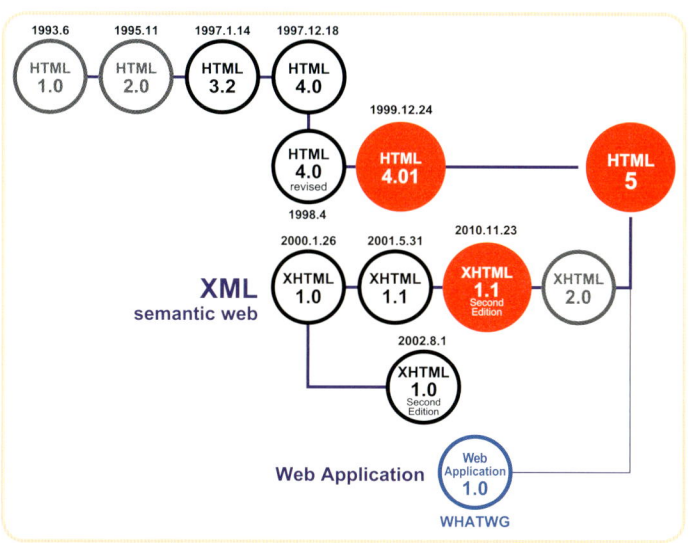

図 1-2 HTML の種類とこれまでの流れ

W3C（World Wide Web Consortium）は、1994 年 10 月に設立された標準化団体です。W3C は、HTML などの仕様を草案、最終草案、勧告候補、勧告案、勧告という段階的なプロセスを経て、決めています。

Chapter 1

SECTION 03 HTMLの書き方をマスターしよう

ウェブページはHTMLのタグによって意味付けされた文書です。見出しのレベルや段落、リスト、画像、表組みなどの構成要素にタグを追加していくマークアップ作業をマスターする必要があります。まずは基本文法を学びましょう。

「タグ」を使って文書を意味付けていく

　HTMLには、3.2、4.01、5のバージョンがあり、XHTMLには1.0と1.1があります。現在は、次世代バージョンであるHTML5が主流になりつつあります。HTML5は、HTML 4.01の文法だけではなく、XHTMLの文法（XML構文）も利用できる仕様になっています。後者は、XHTML5とも呼ばれます。本書は、HTML構文で記述するHTML5を対象にしていきます。

　HTML5になっても基本文法は変わりません。**不等号の記号**を使ってHTMLの要素名をはさみます。見出しを定義するh1要素であれば「<h1>」となります。これが、**タグ**です。定義するときは「開始タグ」と「終了タグ」が必要になります。<h1>が開始タグの場合、終了タグは「/（スラッシュ）」が加わり「</h1>」と記述します。

　文書内の「インターネットの歴史」という文を大見出しとして定義したいなら「<h1>インターネットの歴史</h1>」と記述すればよいのです。このように、タグで文書の意味付けしていく作業を**マークアップ**と呼びます。

📖 **参考**

➡ **1-01** HTMLとは
➡ **1-02** HTMLの種類について理解しよう
➡ **1-04** HTMLのルールを理解しよう

文書の意味付けとは異なる「改行」や「区切り」などは、開始タグだけを記述します。改行は「
」、区切りは「<hr>」です。

のように複数の改行タグを記述し、段落のように見せることができますが、段落はp要素（<p>～</p>）を使いましょう。

　初心者が最低限知っておくべき8つのタグを紹介します。html要素、head要素、body要素、h1～h6要素、p要素、a要素、br要素、img要素の8種類です。

　HTML文書全体を定義するhtml要素、文書の詳細情報を定義するhead要素、コンテンツを定義するbody要素が、ウェブページの骨格と考えてください。h1～h6要素（見出しのレベル）、p要素（段落）、a要素（ハイパーリンク）、br要素（改行）、img要素（画像の表示）は、コンテンツのためのタグです。

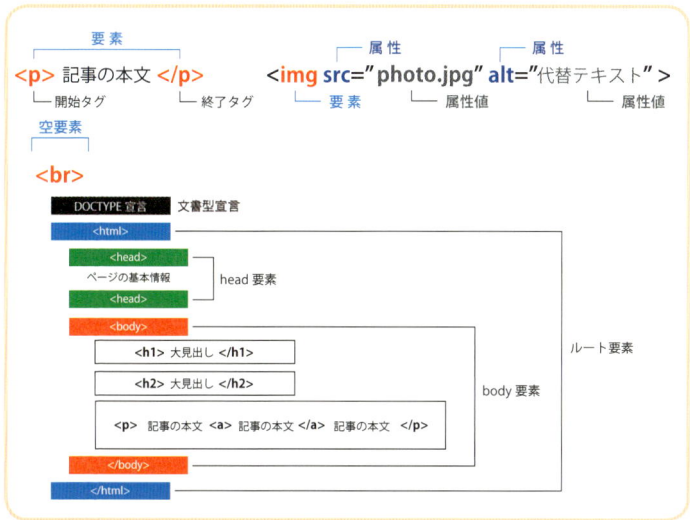

図1-3 HTMLの構造とタグ。図中の「属性」は情報の参照場所（「1-04　HTMLのルールを理解しよう」参照）

XHTMLの文法は、XML（HTMLよりも汎用的に利用できるマークアップ言語）に沿って再定義されているため、HTMLよりも厳しいルールになっています。HTML5でこのXML構文を使って記述する場合は、ルールを完全にマスターしておく必要があります。

Chapter 1

HTMLのルールを理解しよう

HTMLの基本文法が理解できたら、使用頻度の高い要素（タグ）や、要素の分類について学習しておきましょう。HTML 4.01ではブロックレベル要素とインライン要素に分けていましたが、HTML5は要素を8つのカテゴリーに分類しています。

「要素」の性質を定義する「属性」

　初心者が最低限知っておくべき8つのタグとして、html要素、head要素、body要素、h1～h6要素、p要素、a要素、br要素、img要素を紹介しましたが、これらの要素には、より詳細な指定が必要なものがあります。

　a要素、img要素などがわかりやすい例です。a要素はハイパーリンクを定義するタグになりますが、どこにある情報を参照するのか場所を指定しなければいけません。画像を表示するためのimg要素も同じです。そこで、属性を追加することになります。

　ハイパーリンクの場合は、「<a>～</a>」にhref属性を追加して「<a href="参照先の場所">～</a>」と記述します。img要素は「<img src="画像の場所" alt="画像の代替テキスト">」です。

　HTML 4.01の要素は、ブロックレベル要素とインライン要素に分けられていました。ブロックレベル要素というのは、文書を構成する基本ブロックのことで、見出しや段落、リスト、表組みなどです。インライン要素は、

> **参考**
>
> ➡ 1-01　HTMLとは
> ➡ 1-02　HTMLの種類について理解しよう
> ➡ 1-03　HTMLの書き方をマスターしよう

ブロックレベル要素の中の特定の部分を対象とします。ハイパーリンクを指定するa要素や改行のbr要素、画像を表示するimg要素などがあります。

HTML5では、要素をもっと詳細に分類しており、フロー・コンテンツ、フレージング・コンテンツ、セクショニング・コンテンツ、ヘディング・コンテンツ、エンベディット・コンテンツ、インタラクティブ・コンテンツ、メタデータ・コンテンツの**7つのカテゴリー**に分けています。

ほとんどの要素は、フロー・コンテンツというカテゴリーに属します。HTML 4.01で分類していたインライン要素に近いのがフレージング・コンテンツ、見出しがヘディング・コンテンツ、画像の表示などがエンベディット・コンテンツに分類されます。例えば、見出しを定義するh1要素は、フロー・コンテンツとヘディング・コンテンツのカテゴリーに属することになります。画像表示のimg要素は、フロー・コンテンツとエンベディット・コンテンツです。このように、**複数のカテゴリーに属する要素**があります。詳細は「付録1 HTML5のコンテンツモデル」で確認してください。

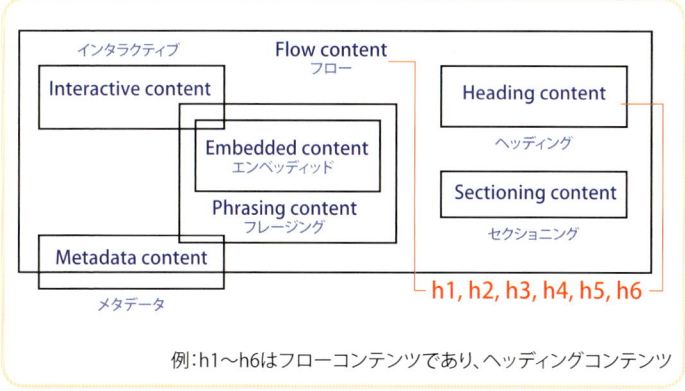

例：h1～h6はフローコンテンツであり、ヘッディングコンテンツ

図1-4 HTML5のコンテンツモデル

HTML5は、W3CとWHATWGによって策定中ですが（2014年に勧告される予定）、最新のブラウザは仕様を先行実装し始めており、すでに多くのウェブサイト（モバイルを含む）がHTML5を採用しています。

Chapter 1

SECTION 05 ウェブページの組み立て方を理解しよう

ウェブサイトをつくるには「サイトの設計」と「ウェブページのデザイン」が必要です。この2つの作業は分けて考えたほうがよいでしょう。ウェブサイトを構築するためのオーサリングソフトには、サイト管理やページデザインの機能が搭載されています。

✳ HTMLによる設計作業とCSSによるスタイリング作業

　ウェブページの組み立て方について理解しておきましょう。最初に用語を明確にしておきます。ウェブページは、HTMLのタグでマークアップされた文書（HTML文書）のことです。ウェブページのまとまりを<u>ウェブサイト</u>（もしくはサイト）と呼びます。<u>ホームページ</u>もほぼ同義ですが、本書では、ウェブページ、ウェブサイトで統一しています。

　ウェブページの作成には、HTMLの知識が必要になりますが、Adobe Dreamweaver（ドリームウィーバー）やホームページビルダーなどのオーサリングソフトを使用すれば直接タグを記述しなくても作業を進められます。ただし、HTMLの仕様を理解するには、直接タグで記述したほうがはやいと思いますので、HTMLを完全にマスターするまではハンドコーディング（エディタを使ってマークアップする方法）をお薦めします。

　ウェブページは印刷媒体と同様に<u>ページ</u>と呼ばれていますが、ブラウザの表示領域だけではなく、隠れている部分も含めて1つのページです。

参考

➡ 1-02 HTMLの種類について理解しよう
➡ 1-03 HTMLの書き方をマスターしよう
➡ 1-04 HTMLのルールを理解しよう

スクロールしながら閲覧しますので、巻き物をイメージしたほうがよいかもしれません。ページを束ねたパッケージが書籍なら、ウェブページのまとまりはウェブサイトです。

　ウェブサイトをつくる作業は、サイトの設計とウェブページのデザインに大別することができます。企業のウェブサイトを例にしてみましょう。サイトの最上位には、トップページがあり、その下の階層に新着情報のページ、製品のページ、企業についての概要ページなどが置かれます。さらに、製品ページの下の階層には、個人向けや法人向けのページがあり、個人向けのページには製品の分類に沿って複数の詳細ページがぶら下がることになります。この階層構造を決めるのがサイト設計と考えてよいでしょう。

　ウェブページのデザインは、文書の構造を定義していく HTML によるマークアップ作業とページの見栄えを決めていく CSS（スタイルシート）によるスタイリング作業に分かれます。CSS についての詳細は「1-06 CSS とは」を参照してください。

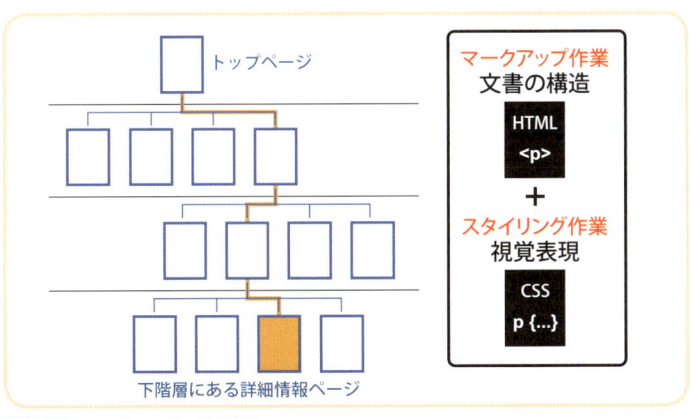

図 1-5 ウェブページの階層構造

ウェブページのデザイン作業は、オーサリングソフトを使用する方法と専用エディタによるハンドコーディングがあります。前者は HTML や CSS を直接記述せずに作業を進められますが、CSS を使った高度な視覚表現になるとハンドコーディングは避けられません。

Chapter 1

SECTION 06 CSSとは

ウェブページの「見た目のデザイン」はすべてCSS（スタイルシート）で指定します。つまり、ウェブページを作成するには「HTMLによるマークアップ作業」と「CSSによるスタイリング作業」の2つの作業が必要になります。

視覚表現を指定するための技術

CSS（Cascading Style Sheets：カスケーディング・スタイル・シート）は、ウェブページの視覚表現を指定するための技術です。たんに「スタイルシート」と呼ぶこともあります。CSS（シー・エス・エス）もスタイルシートも同義だと考えてよいでしょう。

HTMLによって、意味付けされたウェブページには「見た目のデザイン」についての記述はありません。「ここは大見出しです」「ここは段落です」といったページの構造は定義されていますが、文字の大きさや字体、周辺の余白などの視覚表現についての指定はありません。ページの見栄えは、CSSの役割なのです。

「構造」（HTML）と「見た目のデザイン」（CSS）の分離は、ウェブページ作成で最も重要な概念です。紙媒体のデザインでは、視覚表現が中心ですが、ウェブデザインは HTMLによるマークアップ作業 と CSSによるスタイリング作業 の2つの作業があることを理解しておきましょう。

> **参考**
>
> ➡ 1-07　CSSの種類について理解しよう
> ➡ 1-08　CSSの基本文法をマスターしよう
> ➡ 1-09　CSSを記述する場所について理解しよう

CSSの機能を知る最もわかりやすい例は**ブログ**です。無料で利用できるブログ・サービスには、テンプレート機能があり、いつでも好みのデザインに変えることができます。シンプルな全段のページで作成した後でも、写真やイラストを多用したグラフィカルな段組みページなどに変更できるのは、構造と見た目のデザインが分離されているからです。もし、紙媒体と同じように、見た目のデザインしかない場合、ページをすべてつくり直すことになってしまいます。

　また、ブログが流行り始めた頃は、SEOにも有利だと言われていました。**SEO**（Search Engine Optimization：検索エンジン最適化）は、検索したときに上位表示させるためのテクニックですが、ブログはHTMLで構造化されているため、検索エンジンにもページの内容を的確に伝えることができました。どんなに素晴らしい写真でも、画像データだけでは何も伝わりません。「構造」と「見た目のデザイン」が分離されていないとウェブの利点を生かすことはできません。

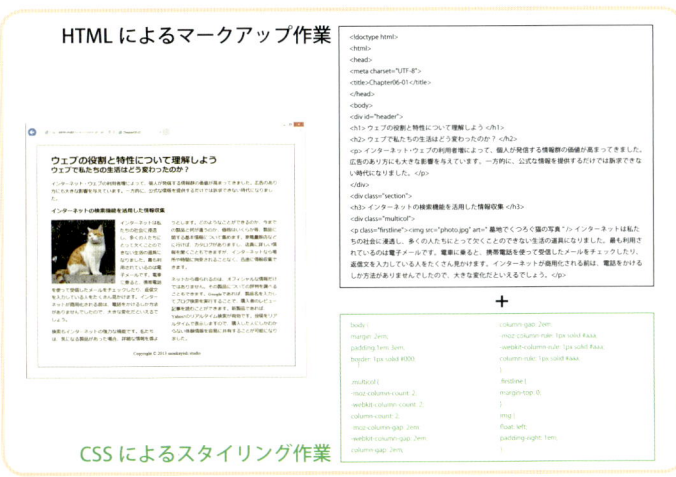

図 1-6 　ウェブページはHTMLとCSSを組み合わせることで完成する

 CSSの仕様は、W3Cのサイトで公開されています。「Cascading Style Sheets home page」（http://www.w3.org/Style/CSS/）にアクセスしてみましょう。CSSに関するさまざまな情報が掲載されています。

Chapter 1

SECTION 07 CSSの種類について理解しよう

現在使われているCSSは、2011年6月に勧告された「CSS 2.1」（CSS2の改訂版）です。CSS3は機能ごとに策定されていますので、少しずつ利用可能になっています。新規のウェブサイトは、CSS 2.1とCSS3の一部の仕様でつくられています。

基本はCSS 2.1、CSS3はモジュールごとに使用可能になる

CSSはHTMLと同じように複数のバージョンがあります。最初のCSSは1996年12月、次のバージョン「CSS2」は1998年5月に勧告されました。

この頃は、まだCSSが普及せず、HTMLを使って見た目のデザインまで指定していました。例えば、文字を太くしたいときはb要素を使ったり、文字サイズを変更するためにfont要素などの見栄えを整えるためのタグを多用していたのです。表組みのtable要素で段組みレイアウトを表現するテクニックも流行りました。

これらのタグで指定されたウェブページは、構造化できないため、機械（プログラム）がページの内容を解釈できず、高度な検索や情報の抽出、再利用など、インターネットの利点を生かせないことが問題視されていました。CSSが普及し始めてきたのは、2002年以降です。

現在、最も使われているCSSは、2011年6月に勧告されたCSS 2.1

 参考

➡ 1-06　CSSとは
➡ 1-08　CSSの基本文法をマスターしよう
➡ 1-09　CSSを記述する場所について理解しよう

です。CSS2の改訂版ですが、2002年頃から実装され始め、現在は、Internet ExplorerやSafari、Firefox、Google Chrome、Operaなど、すべてのウェブブラウザで利用することができます。CSSを習得する場合、CSS 2.1を学ぶことになります。市販されているCSSのリファレンスなども、CSS 2.1の解説がベースになっています。

　CSS3は、まだ策定中ですが、すでに一部の仕様が使えるようになっています。CSS3からは機能ごとに議論され、策定が進められていますので、決定したものから先行実装されていきます（例えば、CSS3のカラーモジュールの仕様は2011年6月7日に勧告されています）。今までのCSSとは異なり、機能（モジュール）の集合体として定義されているのが、CSS3の大きな特徴だといえるでしょう。CSS 2.1を習得したあとは、CSS3の先行実装された機能を学んでいくことをお奨めします。

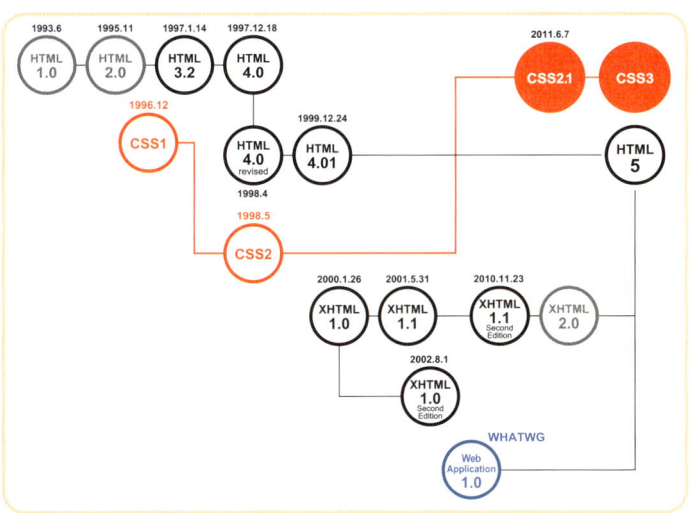

図1-7 CSSの種類とこれまでの流れ

CSS 2.1の正式名称は「Cascading Style Sheets, level 2 revision 1（カスケーディング・スタイル・シート、レベル2リビジョン1）」、CSS3は「Cascading Style Sheets, level 3（カスケーディング・スタイル・シート、レベル3）」です。

Chapter 1

CSSの基本文法を
マスターしよう

CSSの文法は「セレクタ」「プロパティ」「値」を理解すれば容易にマスターすることができます。文字の色を変更するなど、初歩的な記述方法は難しくありません。まずは簡単なスタイル指定から試していきましょう。

CSS

```
セレクタ { プロパティ : 値 ; }
```

　CSSの基本文法を習得するには、**セレクタ**と**プロパティ**、**プロパティの値**について理解しなければいけません。「セレクタ { プロパティ : 値 ; }」のように記述します。プロパティと値の間は「:（コロン）」、値の後は「;（セミコロン）」です。例えば、「 h1 { color : red ; } 」と記述した場合は、大見出し (h1) の色だけが赤になります。

　セレクタはスタイルを適用する対象ですから、h1要素なら大見出し、p要素なら段落に対して指定することになります。h1～h6、pなど、要素名で指定するセレクタを「タイプセレクタ」と呼びます（タイプセレクタ以外は図1-8-2を参照）。**プロパティは、視覚表現の機能**だと捉えてください。colorプロパティは、テキストの色を指定するための機能です。「値」がblueであれば青、redなら赤で表示されます。

参考

➡ 1-06　CSSとは
➡ 1-07　CSSの種類について理解しよう
➡ 1-09　CSSを記述する場所について理解しよう

図 1-8-1 CSSの基本文法

IDセレクタ
#id

クラスセレクタ
.class

属性セレクタ
要素名[属性名]
要素名[属性名="属性値"]
要素名[属性名~="属性値"]
要素名[属性名|="属性値"]

タイプセレクタ

h1	見出し1	p	段落
h2	見出し2	address	コピーライト・連絡先など
h3	見出し3	blockquote	引用文
h4	見出し4		
h5	見出し5	ul	リスト
h6	見出し6	ol	番号付きリスト
		dl	定義リスト

div	分割／グループ
table	表組み
form	フォーム

a	リンク		
img	画像の挿入		
em	強調	span	任意の範囲指定
strong	強い強調	br	改行

ユニバーサルセレクタ ＊(アスタリスク)

図 1-8-2 主なセレクタの種類

セレクタには、特定の要素を識別できるように、id属性とclass属性を使った指定が可能です。`<p class="クラス名">〜</p>` のように記述し、「p.クラス名 { color: red ;}」と指定すれば、特定の段落だけ色を変更することができます。1ページ内で1回しか使用されないページタイトルなどは id 属性、記事の見出しなど複数使用するものは class 属性を使います。

Chapter 1

SECTION 09 CSSを記述する場所について理解しよう

CSSはHTMLの中に直接記述したり、別のファイル（CSSファイル）に記述して、指定したスタイルを適用することができます。通常は、HTMLファイルとCSSファイルを分けて、HTMLと視覚表現の作業を分離して進めることをお奨めします。

```html
<link rel="stylesheet" type=
"text/css" href="CSSファイルの場所">
```

　CSSを記述する場所は、**HTMLファイル**と**別のファイル（CSSファイル）**に分けることができます。HTMLファイルに直接記述するときは、style要素を使って「`<style type="text/css"> ～ </style>`」（HTMLファイルのhead内に記述）といった内容で記述する方法と、「`<p style="color: red;"> ～ </p>`」のように特定の要素に直接記述する方法があります。HTMLファイルの中にCSSも記述すれば効率的にみえますが、ページの内容を修正したり、記事を入れ替えるなどの更新ではかなり面倒な作業になってしまいます。通常は、**CSSファイルにスタイルを記述する方法をお奨め**します。CSSファイルの拡張子は「.css」です。HTMLファイルのhead内に「`<link rel="stylesheet" type="text/css" href="CSSファイルの場所">`」と記述すれば、指定したスタイルを適用してくれます。

参考

→ 1-06　CSSとは
→ 1-07　CSSの種類について理解しよう
→ 1-08　CSSの基本文法をマスターしよう

CSSファイルを読み込む

```
<head>
<link rel="stylesheet" type="text/css" href="style.css" />
</head>
```

```
<head>
<style type="text/css">
  @import href="style.css";
</style>
</head>
```

HTML内に直接記述する

```
<head>                          ①head内に記述
<style type="text/css">
  p { color: red; }
</style>
</head>
```

```
<p style="color: red;">文章</p>   ②要素内に記述
```

図 1-9 CSSの書き方

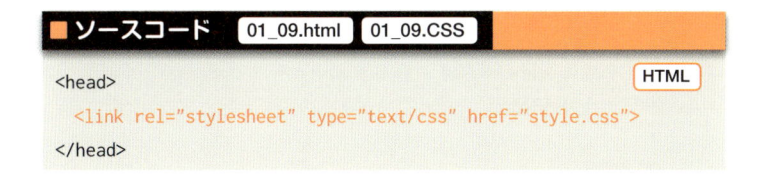

■ ソースコード　01_09.html　01_09.CSS

```html
<head>
  <link rel="stylesheet" type="text/css" href="style.css">
</head>
```

> **Memo**　CSSは、HTMLとは分けて別のファイルに記述することを推奨していますが、本書のサンプルはHTMLとCSSを一覧しやすい（学習しやすい）ように1つのHTMLファイルにまとめています。

Chapter 1

SECTION 10 CSSの仕組みについて理解しよう

CSSには効率的にスタイルを指定するための便利な仕組みが備わっています。親の要素から子の要素、孫の要素へと、指定したスタイルが引き継がれていく「継承」などはCSSの代表的な機能です。この概念を理解すれば無駄な作業を減らすことができます。

```css
body { color: blue; }
p em { color: red; }
```

CSSは、Cascading Style Sheets（カスケーディング・スタイル・シート）の略称ですが、「カスケーディング」とは何を意味しているのでしょう。

カスケードは、階段状の傾斜地に流れる小さな滝のことです。上位から下位に流れて落ちるイメージだと考えてください。CSSには、**親の要素から子の要素へスタイルが引き継がれていく**仕組みがあります。「`<body><p>`富士山は`<em>`日本で一番高い`</em>`山です`</p></body>`」の場合、body要素は「親」で、p要素は「子」、em要素は「孫」という関係になります。親であるbody要素に「文字の色を青にする」といったスタイルを指定すると、子であるp要素にも、孫のem要素にも同じスタイルが適用され、文字が青になるわけです。これを**継承**と呼びます。この仕組みがないと、指定する箇所が増えて、とても面倒な作業になってしまいます。

参考

→ 1-07 CSSの種類について理解しよう
→ 1-08 CSSの基本文法をマスターしよう
→ 1-09 CSSを記述する場所について理解しよう

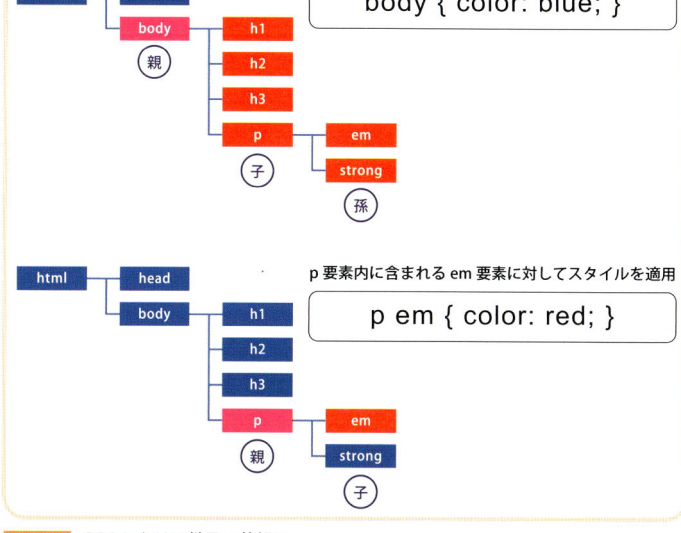

図1-10 CSSにおける継承の仕組み

■ ソースコード　01_10.html

```css
body { color: blue; }
p em { color: red; }
```
CSS

```html
<body>
  <p>富士山は<em>日本で一番高い</em>山です</p>
</body>
```
HTML

 **Memo**
サンプル（ソースコード）の補足です。body要素に対するスタイル指定は、p要素とem要素にも継承され、文字が青になりますが、2行目で「p要素内に含まれるem要素」に対して「文字の色を赤にする」と指定していますので、文章の「日本で一番高い」の部分だけ、赤で表示されます。

Chapter 1

SECTION 11 ウェブブラウザについて理解しておこう

意図したとおりにウェブページを表示するには、HTMLとCSSの習得だけではなく、ウェブブラウザについての知識も必要です。なぜなら、複数のブラウザが混在し、(ブラウザごとに)画面表示する仕組みなどが異なるからです。

パソコンとスマートデバイス、いずれも複数存在

　HTMLとCSSを習得すればウェブページを作成することができますが、意図したとおりの見栄えを表現できるかどうかは、ウェブブラウザによって決まります。ウェブブラウザがHTMLやCSSの仕様をどのくらい実装しているかチェックしておく必要があります。実装というのは技術の仕様を組み込み、利用可能にすることです。

　特に、HTML5やCSS3の新しい要素、プロパティについては、ブラウザによって実装状況が異なるので注意が必要です。CSS3のリファレンス本などには、プロパティごとに対応しているブラウザとバージョンが記されているので、作業時に役立ちます。ただし、実装状況は変化していきますので、インターネットで最新の情報を確認することも重要です。

　ブラウザには、クルマと同じようにエンジン(正式にはレンダリングエンジン)が搭載されています。Internet Explorerは「Trident(トライデント)」、SafariとChromeは「Webkit(ウェブキット)」、Firefoxは「Gecko

> **参考**
>
> ➡ 1-06 CSSとは
> ➡ 1-09 CSSを記述する場所について理解しよう
> ➡ 1-12 デフォルトのCSSについて理解しておこう

（ゲッコー）」、Opera は「Presto（プレスト）」です。このように、画面にページを表示するエンジンも違いますので、ブラウザごとに差異があることを常に意識しておきましょう。

　スマートフォンなどのスマートデバイスの場合、Apple の iOS（iPhone、iPad、iPod touch など）と Android が主流です。どちらも、Webkit を採用したブラウザが使われていますので、パソコンの環境ほど複雑ではありません。iOS は Safari、Android は標準ブラウザと Chrome が搭載されています（Android 環境では Firefox や Opera も提供されています）。今後は、スマートフォンやタブレットが普及し、ウェブページを閲覧するデバイスとして定着していく可能性が高いため、今からきちんと対応しておいたほうがよいでしょう。

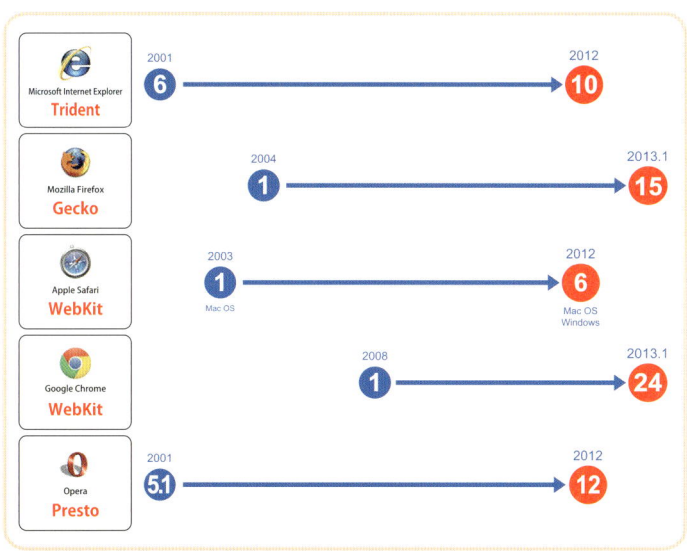

図 1-11　ブラウザの種類とバージョン状況（2013年1月時点）

Android のスマートフォンやタブレットには、標準ブラウザと、パソコンと同じ Chrome があります。Chrome は、Android 4.0 以降のデバイスが対象になりますので、古い機種などでは使うことができません。なお、iOS 版の Chrome も提供されていますので、iPhone や iPad などでも利用可能です。

Chapter 1

SECTION 12 デフォルトのCSSについて理解しておこう

ウェブサイトには、すべての要素のスタイルを指定したCSS（デフォルトCSS）が備わっています。ウェブページの作成者は、このデフォルトのCSSを部分的に「上書き」していくことになります。とても重要な仕組みなので正しく理解しておきましょう。

デフォルトを上書きするか一からつくるか

CSSをまったく指定していないHTMLファイルをブラウザで表示すると、どうなるでしょう。見栄えについて何も指定されていないのですから、（メモ帳などの簡易エディタで表示したテキストのように）見出しも本文も同じ大きさで表示されるはずです。

ところが、実際に表示すると、見出しは大きく、太くなり、周辺に余白もあります。簡素でシンプルですが、それなりに見栄えが整っています。なぜ、このように表示されるのでしょうか。

実は、ウェブブラウザには、すでにスタイルが指定されたCSSファイルが備わっているのです。これを**デフォルトCSS**（デフォルト・スタイルシート）と呼びます。見出しのレベル、段落、行間（行高）、ページの余白、リスト、表組み、引用文など、あらゆる要素にスタイルが指定されています。つまり、CSSを指定していないHTMLファイルでも、最低限の可読性は保証されているわけです。

ウェブページの作成者が指定したCSSとブラウザに備わっているデフォルトCSSの関係について考えてみましょう。作成者が指定したスタイルは、デフォルトCSSを**上書き**することになります。上書きされないスタイルは、そのまま残りますので、表示されるページに適用されます。

ウェブデザインには、2つの考え方があります。1つは可能なかぎりデフォルトのCSSを生かして、**変更したい箇所だけスタイルを指定する**方法、もう1つはデフォルトのCSSをリセットして、**一からスタイルを指**

定していく方法です。

通常、前者の方法でウェブページを作成しますが、より詳細に見栄えをコントロールするときに後者の方法が使われます。後者の、デフォルトのCSSをリセットするためのテクニックはいくつかありますが、CSSの第一人者エリック・メイヤー（Eric Meyer）氏が公開している「Reset CSS」などが普及しています。

初心者の方々には、リセットする方法ではなく、変更したい箇所だけスタイルを指定していく方法をお奨めします。

デフォルトを可能なかぎりリセットしない考え方

ブラウザごとの表示の差異を、デフォルトのスタイルをリセットすることで解決しようという試みは、世界中のウェブデザイナーに受け入れられ、普及してきました。ただし、リセットする必要のない要素まで、スタイルが効かなくなり、デザイナーがもう一度、指定し直すという無駄な作業も発生しており、パーフェクトな方法ではないことも知られていました。最近は、リセットではなくノーマライズするという考え方も取り入れられています。

ノーマライズ（Normalize）とは、一定の基準を決めて、使いやすく補正していくことですが、「Nomalize.css」というCSSファイルも公開されており、一部のサイトではすでに利用されています（専用サイトからダウンロードして使用することができます）。リセットする方法の代替として利用できるかどうかは、ウェブサイトの構造や方針によって変わってきますが、参考になりますのでチェックしておきましょう。

参考

→ 1-06 CSSとは
→ 1-09 CSSを記述する場所について理解しよう
→ 1-11 ウェブブラウザについて理解しておこう

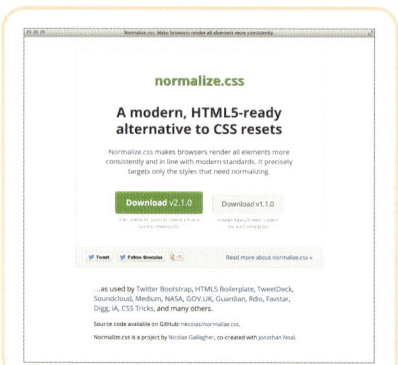

図 1-12-1 「Nomalize.css」
http://necolas.github.com/normalize.css/

ブラウザのデフォルト CSS のみ

**ブラウザのデフォルト CSS が
リセットされた状態**

**ウェブページの作成者が
指定した CSS で上書き**

図 1-12-2 デフォルト、リセット、上書きそれぞれの見え方の違い

ブラウザのデフォルト CSS をリセットするテクニックは複数ありますので、ウェブサイトの内容に合わせて選択することになります。2012 年に最も使われた CSS リセットを紹介しているサイト「CSS Reset」(http://www.cssreset.com) が役立ちます。

第 2 章
ウェブページの情報

- **01** ブラウザに表示される情報と表示されない情報について
- **02** HTMLの全体構造を把握しよう
- **03** 使用するHTMLのバージョンを決めよう
- **04** ウェブページのタイトルを付けよう
- **05** キーワードを入力しよう
- **06** ウェブページの説明文を記述しよう
- **07** 作成者の問い合わせ先を記述しよう

Chapter 2

SECTION 01　ブラウザに表示される情報と表示されない情報について

ウェブページには、「ブラウザに表示されるコンテンツ情報（ページそのもの）」と「ブラウザには表示されないヘッダ情報（メタデータなど）」があります。後者は、検索エンジンなどの機械（プログラム）に提供するための情報です。

✳ ブラウザに表示されない情報は機械のためのもの

　ウェブページは、HTML と CSS を使って作成します。
　HTML は、タグと呼ばれる文字列を追加することで、文書を構造化し、インターネット上の有益な情報にします。付けられたタグを検索エンジンなどが解釈して、ウェブページの内容を理解することで、検索の精度が向上するなど、多くのメリットを得られます。
　機械（プログラム）が読める状態をマシンリーダブルと呼びますが、このようなデータにしておくと、さまざまなウェブサービスで活用でき、視覚障がい者や高齢者などが利用するアクセシビリティツールや音声読み上げシステムにも的確に対応できます。
　一方、ウェブページの視覚表現は CSS で指定していきます。紙媒体のページデザインと同様、「かっこいい」「美しい」「かわいい」「読みやすい」といった視覚に訴える「見た目のデザイン」です。見出しや本文に異なる字体を指定したり、文字サイズを変更してメリハリをつける、強調したい部分に色を付ける、囲み罫で関連した情報をまとめるなど、ウェブページの見栄えを整える作業はすべて CSS の役割になります。
　「構造」（HTML）と「見た目のデザイン」（CSS）の分離は、ウェブデザインにおいて軽視できない概念だということがわかると思います。ページデザインと同じレベルで、マシンリーダブルなデータにしておくことが重要なわけです。
　HTML の構造は、（HTML のバージョンを記す）DOCTYPE 宣言、ヘッ

ダ情報、コンテンツ情報で成り立っています。コンテンツ情報は、ブラウザに表示される「ページ」そのものです。

　ヘッダ情報は、ページのメタデータ（データに関する情報）など、ブラウザには表示されない情報ですが、検索エンジンなどのプログラムが取得して、意味を読み取ってくれます。インターネット上で公開されている膨大な情報に埋もれず、多くの人たちに見てもらいたいなら、ブラウザのウィンドウには表示されない、ページに関するメタデータをきちんと考え、記述しておくことがとても重要です。

```
DOCTYPE宣言
<html>
                                          メタデータ
    <head>    ヘッダ情報    </head>
       ブラウザのウィンドウに表示されない

    <body>   コンテンツ情報   </body>
       ブラウザのウィンドウに表示される

</html>
```

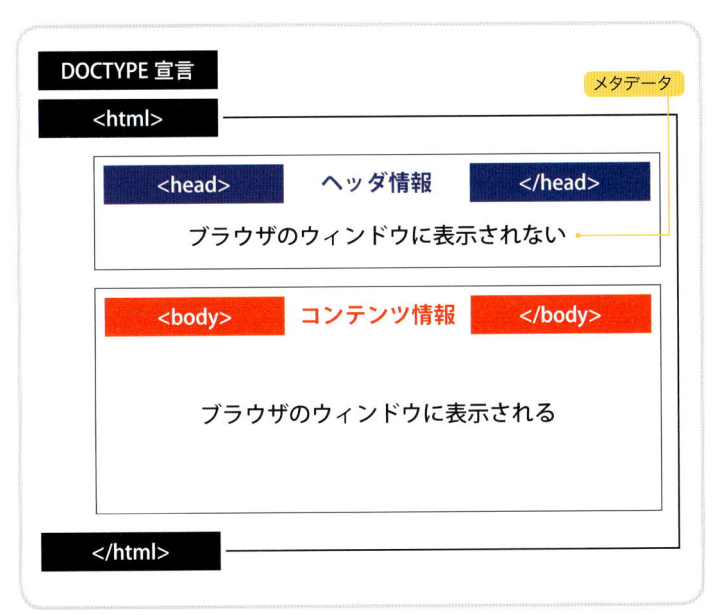

図 2-1　ウェブページの構造と HTML

> **Memo**
>
> HTML や CSS などの策定を進めている W3C のサイトには、根本方針として「すべての人のウェブ（Web for All）」「どこでもウェブ（Web on Everything）」と記されています。あらゆる人が等しく利用でき、さまざまな機器でアクセス可能にするということです。
> 参考：http://www.w3.org/Consortium/mission

Chapter 2

SECTION 02 HTMLの全体構造を把握しよう

HTMLの全体構造はシンプルで把握しやすい内容になってします。まず、HTMLのバージョンを記し、検索エンジンなどのプログラム向けにヘッダの情報、その下にブラウザで表示するコンテンツの情報を記述してウェブページが完成します。

> - DOCTYPE宣言
> - ヘッダの情報（head要素）
> - コンテンツの情報（body要素）

　HTMLの基本構造は、上から、**DOCTYPE宣言**（文書型宣言）、**ヘッダ情報**、**コンテンツ情報**という順に並びます。

　ヘッダ情報とコンテンツ情報は、**html要素**内（<html>〜</html>）に記述されます。ヘッダ情報には、文字コードやページのタイトル、ページの説明文、検索で使われそうなキーワード、CSSファイルやスクリプトファイルを読み込むための指定などが含まれます。ヘッダの情報は、検索エンジンなどのプログラム向けに記述しますので、ページには表示されません。

　ウェブブラウザのウィンドウに表示されるコンテンツの情報は、**body要素**内（<body>〜</body>）に記述します。

参考

- → 1-01　HTMLとは
- → 1-05　ウェブページの組み立て方を理解しよう
- → 2-01　ブラウザに表示される情報と表示されない情報について

```
DOCTYPE宣言   文書型宣言                    ブロックレベル要素  インライン要素

<html>
  <head>
  ページの基本情報      } head 要素
  </head>
  <body>
                                                        ルート要素
    <h1> 大見出し </h1>
    <h2> 大見出し </h2>
    <div>                                  body 要素
      <h3> 小見出し </h3>
      <p> 記事の本文 <a> 記事の本文 </a> 記事の本文 </p>
    </div>
  </body>
</html>
```

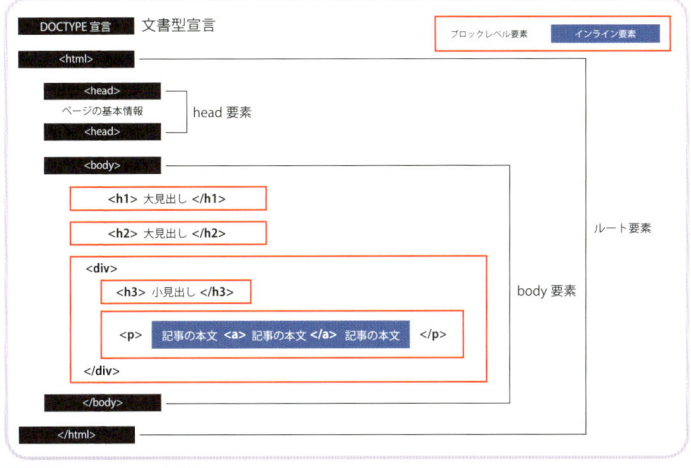

図 2-2 HTMLの全体構造

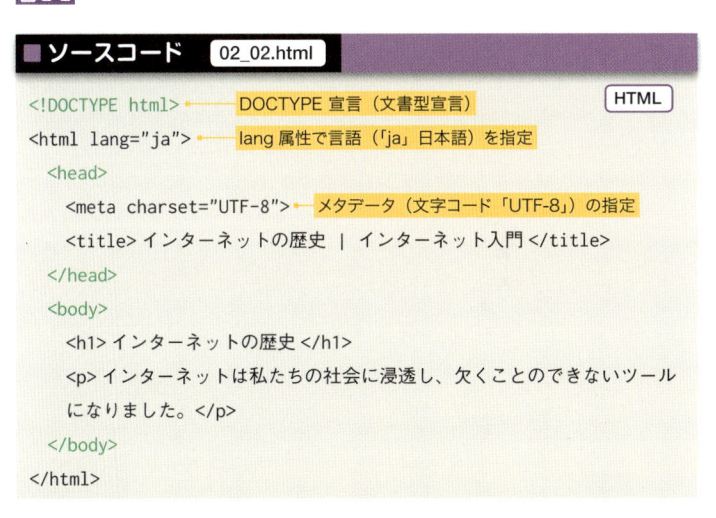

■ソースコード　02_02.html

```html
<!DOCTYPE html>           DOCTYPE 宣言（文書型宣言）            [HTML]
<html lang="ja">          lang 属性で言語（「ja」日本語）を指定
  <head>
    <meta charset="UTF-8">   メタデータ（文字コード「UTF-8」）の指定
    <title> インターネットの歴史 | インターネット入門 </title>
  </head>
  <body>
    <h1> インターネットの歴史 </h1>
    <p> インターネットは私たちの社会に浸透し、欠くことのできないツール
    になりました。</p>
  </body>
</html>
```

Memo　ウェブページの構造を視覚的に確認できるツールがあります。Firefox のアドオンとして無償で提供されている「Web Developer」などを使うと便利です。詳細は 52 ページを参照してください。

2　ウェブページの情報

Chapter 2

SECTION 03 使用するHTMLのバージョンを決めよう

HTMLには、HTML 4.01、XHTML 1.0、XHTML 1.1、HTML5などの複数のバージョンがありますので、HTMLファイルの1行目にDOCTYPE宣言を記述して、どのバージョンを使うのか明確にしておく必要があります。

```html
<!DOCTYPE html>
```

　HTMLを記述するときは、まずDOCTYPE宣言で**HTMLのバージョン**を記します。この段階で、HTML 4.01、XHTML 1.0、1.1、HTML5のなかで、どのHTMLを使うのか決めなくてはいけません。HTMLのバージョンによってDOCTYPE宣言は異なるからです。

　HTML 4.01とXHTML 1.0は、さらに3つのバージョン、Strict（非推奨の要素やフレームが使えない厳格なバージョン）、Transitional（非推奨の要素も使えるバージョン）、Frameset（非推奨だけでなくフレームも使えるバージョン）がありますので注意してください。HTML5であれば「<!DOCTYPE html>」と記述するだけです。

> 📖 **参考**
>
> ➡ 1-01　HTMLとは
> ➡ 2-01　ブラウザに表示される情報と表示されない情報について
> ➡ 2-02　HTMLの全体構造を把握しよう

HTML 4.01

Strict
```
<!DOCTYPE HTML PUBLIC "-//W3C//DTD HTML 4.01//EN"
    "http://www.w3.org/TR/html4/strict.dtd">
```

Transitional
```
<!DOCTYPE HTML PUBLIC "-//W3C//DTD HTML 4.01 Transitional//EN"
    "http://www.w3.org/TR/html4/loose.dtd">
```

Frameset
```
<!DOCTYPE HTML PUBLIC "-//W3C//DTD HTML 4.01 Frameset//EN"
    "http://www.w3.org/TR/html4/frameset.dtd">
```

HTML 5

```
<!DOCTYPE html>
```

XHTML 1.0

Strict
```
<!DOCTYPE html PUBLIC "-//W3C//DTD XHTML 1.0 Strict//EN"
    "http://www.w3.org/TR/xhtml1/DTD/xhtml1-strict.dtd">
```

Transitional
```
<!DOCTYPE html PUBLIC "-//W3C//DTD XHTML 1.0 Transitional//EN"
    "http://www.w3.org/TR/xhtml1/DTD/xhtml1-transitional.dtd">
```

Frameset
```
<!DOCTYPE html PUBLIC "-//W3C//DTD XHTML 1.0 Frameset//EN"
    "http://www.w3.org/TR/xhtml1/DTD/xhtml1-frameset.dtd">
```

XHTML 1.1

```
<!DOCTYPE html PUBLIC "-//W3C//DTD XHTML 1.1//EN"
    "http://www.w3.org/TR/xhtml11/DTD/xhtml11.dtd">
```

図 2-3 HTMLの各バージョンとDOCTYPE宣言の違い

■ ソースコード　02_03.html

```html
<!DOCTYPE html>
<html lang="ja">
  <head>
    <meta charset="UTF-8">
    <title>インターネットの歴史 | インターネット入門</title>
  </head>
  <body>（〜以下省略）</body>
</html>
```

> **Memo**　HTML5 の場合はとてもシンプルですが、その他のバージョンはすこし面倒な記述になります。XHTML 1.1 の場合は「<!DOCTYPE html PUBLIC "-//W3C//DTD XHTML 1.1//EN" "http://www.w3.org/TR/xhtml11/DTD/xhtml11.dtd">」などと記述します。

Chapter 2

SECTION 04 ウェブページのタイトルを付けよう

ウェブページのタイトルはとても重要です。検索結果の一覧やブックマークしたときなど、title要素で記述したタイトルがそのまま表示されるからです。新聞の見出しのように、ページの内容がわかるように、タイトルを考えましょう。

HTML

```
<title> ウェブページのタイトル </title>
```

　HTMLの基本構造は、DOCTYPE宣言（文書型宣言）、ヘッダ情報、コンテンツ情報という順に並びます。

　ヘッダの情報は、head要素内（<head>～</head>）に記述していきます。ウェブページのタイトルもヘッダに記述しなければいけない情報です。**title要素**を使って「<title>インターネット入門</title>」のように記述します。

　ページのタイトルは、ウィンドウ内のページ上には表示されませんが、**ブックマーク**したときや**履歴**の一覧などに、記述したタイトルが表示されます。また、GoogleやYahoo!などの**検索結果**にも表示されますので、わかりやすいタイトルを付けましょう。

参考

→ **2-01** ブラウザに表示される情報と表示されない情報について
→ **2-02** HTMLの全体構造を把握しよう
→ **2-03** 使用するHTMLのバージョンを決めよう

■ ソースコード 02_04.html

[HTML]

```html
<!DOCTYPE html>
<html lang="ja">
  <head>
    <meta charset="UTF-8">
    <title>インターネットの歴史 | インターネット入門</title>
  </head>
  <body>
    <h1>インターネットの歴史</h1>
    <p>インターネットは私たちの社会に浸透し、欠くことのできないツールになりました。</p>
  </body>
</html>
```

■ ブラウザの表示

ブックマーク(お気に入り)を登録すると、リストにページのタイトルが表示される

> **Memo** 新聞社のサイトを見てください。トップページのタイトルは「●●新聞」と付けられていますが、記事のページでは「記事の見出し | ●●新聞」のように、何が書かれているページなのか把握できるようにタイトルを付けています。

Chapter 2

SECTION 05 キーワードを入力しよう

インターネットで情報を探すとき、Google などの検索エンジンで複数のキーワードを入力することがあると思います。meta 要素を使って、ヘッダ情報内にページの内容に関連した複数のキーワードを指定しておくことができます。

```
<meta name="keywords" content=" キーワード 1,
キーワード 2, キーワード 3">
```

　ウェブページのヘッダ情報には、ページのタイトルやページの説明文、ページの内容に関連した複数のキーワード、文字コードなどを記述します。ページの説明文やキーワード、文字コードなどは、メタデータとして扱われますので、meta 要素を使います。

　メタデータ (metadata) とは、データに関する情報のことです。キーワードの場合は、name 属性で "keywords" を指定し、content 属性でキーワードを記述していきます。「<meta name="keywords" content=" キーワード 1, キーワード 2, キーワード 3">」のようになります。キーワードは「,（カンマ）」で区切ります。

参考

→ 2-02　HTML の全体構造を把握しよう
→ 2-03　使用する HTML のバージョンを決めよう
→ 2-04　ウェブページのタイトルを付けよう

■ソースコード 02_05.html

```html
<!DOCTYPE html>
<html lang="ja">
  <head>
    <meta charset="UTF-8">
    <meta name="keywords" content="インターネット,歴史,入門,講座,基礎知識">
    <title>インターネットの歴史 | インターネット入門</title>
  </head>
  <body>(〜以下省略) </body>
</html>
```

■ブラウザの表示

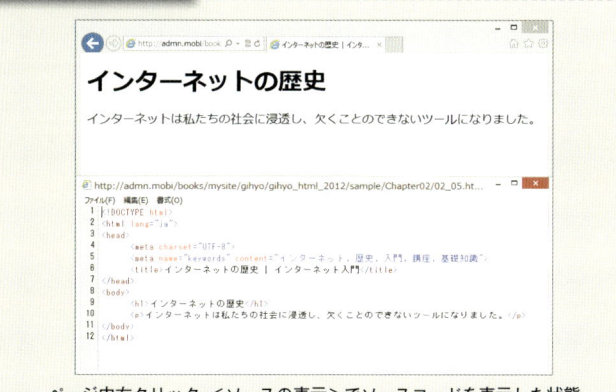

ページ内右クリック、<ソースの表示>でソースコードを表示した状態

> **Memo** 公開されているサイトのメタデータを調べてみましょう。マウスの右クリックでページのソースコード表示を選択できます。例えば、首相官邸ウェブサイトのトップページ(ヘッダ情報内のキーワード)には「<meta name="keywords" content="首相官邸,政府,内閣,総理,内閣官房">」と記述されています。

Chapter 2

SECTION 06 ウェブページの説明文を記述しよう

検索をするとウェブページのタイトルが検索結果の一覧に表示されますが、ページの説明文も表示されたほうが、クリックして内容を確かめる必要がなくなるので確認の手間が省けます。HTMLのmeta要素で記述しておくことができます。

```html
<meta name="description" content="
ウェブサイトおよびウェブページの説明文 ">
```

　GoogleやYahoo!などの検索エンジンで「首相官邸」と入力して検索すると、一番上に首相官邸のウェブサイトが表示されます。タイトルの「首相官邸ホームページ」の下には、「首相官邸のホームページです。内閣や総理大臣に関する情報をご覧になれます。」という説明文が表示されています。このような説明文が掲載されると、どのようなサイトなのかすぐに把握できるので利用者にとってもメリットがあります。

　説明文は、キーワード(「2-05　キーワードを入力しよう」参照)と同様にメタデータとして扱われます。meta要素を使い、name属性で"description"を指定、content属性で説明文を記述します。

参考

➡ 2-03　使用するHTMLのバージョンを決めよう
➡ 2-04　ウェブページのタイトルを付けよう
➡ 2-05　キーワードを入力しよう

■ ソースコード `02_06.html`

```html
<!DOCTYPE html>
<html lang="ja">
  <head>
    <meta charset="UTF-8">
    <meta name="keywords" content="インターネット,歴史,入門,講座,基礎知識">
    <meta name="description" content="インターネットについて学べる初心者向けの学習サイトです。">
    <title>インターネットの歴史 | インターネット入門</title>
  </head>
  <body>(〜以下省略)</body>
</html>
```

■ ブラウザの表示

ページ内右クリック、<ソースの表示>でソースコードを表示した状態

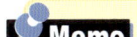

> **Memo** 首相官邸ホームページ（http://www.kantei.go.jp）のトップページから「総理大臣」のページに移動すると、ヘッダ情報内の説明文も「総理の日々の動きを、写真とともにご覧になれます。」に変わります。このように、サイトの大項目ではページごとに、わかりやすい説明文を記述していきましょう。

Chapter 2

SECTION 07 作成者の問い合わせ先を記述しよう

ウェブページに連絡先が掲載されていると、閲覧者からの感想や意見、質問などを受け取ることができます。メールアドレスの公開に抵抗がある人は、自分のFacebookページを連絡先にすることも可能です。連絡先はaddress要素で記述します。

HTML

```
<address> 連絡先 </address>
```

　多くのウェブサイトには、コンテンツ以外にヘルプや問い合わせのページ、サイト内検索の機能などが用意されています。個人サイトおよびブログでも、作成者（サイトの運営者）への**問い合わせ情報**が掲載されています。具体的には、メールアドレスなどの情報です。

　連絡先を記述するときは、**address要素**を使用します。例えば、「<address>管理人：<a href="mailto:メールアドレス">山田太郎</a></address>」のように記述するとよいでしょう。この場合は、管理人の名前をクリックすると、メーラーが起動して、すぐに問い合わせなどのメールを送信することができます。

参考

➡ 2-05　キーワードを入力しよう
➡ 2-06　ウェブページの説明文を記述しよう
➡ 5-07　メーラーを起動させるリンクを指定しよう

HTMLのaddress要素は、アドレス（住所）を記すための要素ではないので注意が必要です。あくまで連絡先を掲載するときに使います。例えば、「W3C」(http://www.w3.org/)のトップページでは、最下部の「CONTACT W3C」の「Feedback」でaddress要素を使っていますが、リンク先はメーリングリストのページになっています。更新の日時など、連絡先とは関係のない情報は記述しません。たんにサイトの情報として、住所をのせる場合は、address要素ではなく、p要素を使いましょう。

　ウェブページの構造を考えて、address要素の正しい使い方を理解してください。

■ ソースコード　02_07.html

```
<address>管理人：<a href="mailto:ADC @ DEFG">山田太郎</a>
</address>
```
HTML

■ ブラウザの表示

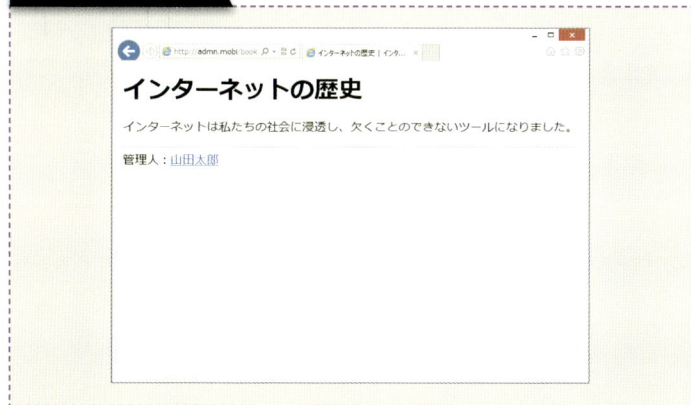

インターネットの歴史

インターネットは私たちの社会に浸透し、欠くことのできないツールになりました。

管理人：山田太郎

> **Memo**　address要素を、article要素内に記述した場合は、<article>〜</article>で記されている内容に対しての連絡先になります。もし、レストランを紹介するページであれば「<article>レストランの情報<address>レストランの連絡先</address></article>」のようになります。

2　ウェブページの情報

COLUMN

ウェブページの構造を視覚化できるユーティリティ

「2-02 HTMLの全体構造を把握しよう」のMemoでも紹介しましたが、Firefoxのアドオンとして無償で提供されている「Web Developer」(https://addons.mozilla.org/ja/firefox/addon/web-developer/)を利用すれば、ウェブページの構造を視覚的に確認することができます。アドオンのページで「＋ Firefoxに追加」をクリックするとインストールされ、「Web Developer」のツールバーが表示されます。ツールバーの[CSS]メニューから[Disable Styles]→[Disable All Styles]を選択してみましょう。指定されているCSSが無効となり、デフォルトのスタイルだけでウェブページが表示されます。元の表示に戻すには、もう一度[Disable All Styles]を選択してください。[Disable Browser Default Styles]を選択した後に、[Disable All Styles]を選択すると、ブラウザのデフォルトスタイルも無効にすることができます。[Information]メニューの[View Document Outline]を選択すると、新規ウィンドウが表示され、指定されている見出しのレベルをわかりやすく表示してくれます。

W3Cのウェブサイト（通常の表示）

[CSS]メニューから[Disable Styles]→[Disable All Styles]を選択すると、ブラウザ(Firefox)のデフォルトスタイルで表示される

第3章
見出し・本文・リスト

- **01** テキストとフォントの指定方法について
- **02** ページの見出しを記述しよう
- **03** 段落を記述しよう
- **04** 箇条書きを記述しよう
- **05** 重要な語句を指定してみよう
- **06** 文章を引用してみよう
- **07** 漢字にルビを振ってみよう
- **08** 見出しの大きさを変更しよう
- **09** 字体を変更しよう
- **10** 行と行の間隔を調整してみよう
- **11** インデント(字下げ)を指定しよう

Chapter 3

SECTION 01 テキストとフォントの指定方法について

ウェブページで見出しや文章を表現するには、テキスト（見出しや段落、字下げなど）とフォント（文字サイズや字体など）の指定方法について理解しておく必要があります。テキストの指定はHTML、フォントの指定はCSSを使います。

HTMLで構造化し、CSSで見栄えを整える

　ウェブページは、HTMLのタグを記述することで、見出し、本文、リストなどを定義していきます。見出しであれば、6種類（h1、h2、h3、h4、h5、h6）の要素があり、段落はp要素で記述します。箇条書きが必要ならul要素、li要素で構造化することになります。

　HTMLだけでは紙媒体のデザインのように見栄えをコントロールすることはできません。ブラウザ上ではデフォルトのスタイルで表示されます。文字の大きさや字体の変更、字下げ、行間の調整など、視覚表現については、CSSを使って指定します。

　ただし、字体については閲覧者の使用しているパソコンの環境（インストールされているフォントなど）によって変わってしまいますので、複数のフォント名を記述し、可能なかぎり指定した字体に近い系統で表示されるように指定します。最低限、明朝系「セルフ（serif）」もしくはゴシック系「サンセリフ（sans-serif）」は指定しておきましょう。印刷物のように、指定した字体で表現したい場合は、文字を画像にして配置するしかありません。ただし、画像にするのは見出し程度にとどめておきます。本文を画像にするのは避けてください。

■ソースコード 03_01.html

```css
h3 { font-size: 1.4em; }   ← 文字の大きさ（フォントサイズ）の指定   [CSS]
p { text-indent: 1em; line-height: 2; font-family: "ヒラギノ角ゴ
Pro W3", "Hiragino Kaku Gothic Pro", "メイリオ", Meiryo, sans-
serif; }   ← インデント、行の高さ、字体（フォントファミリー）の指定
```

```html
<h3>ウェブの役割について理解しよう</h3>    [HTML]
<p>ウェブの利用者が増えてきたことで、個人が発信する情報の価値が高まっ
てきました。広告のあり方にも大きな影響を与えています。企業が一方的に情
報を提供するだけでは訴求できない時代になったといってよいでしょう。</p>
<p>どんなに素晴らしいコンテンツでも、発信するだけでは効果がありませ
ん。企業もユーザーと同じフィールドに立ち「対話」が生まれやすい情報提供
を心がける必要があります。</p>
```

■ブラウザの表示

ウェブの役割について理解しよう

　ウェブの利用者が増えてきたことで、個人が発信する情報の価値が高まってきました。広告のあり方にも大きな影響を与えています。企業が一方的に情報を提供するだけでは訴求できない時代になったといってよいでしょう。

　どんなに素晴らしいコンテンツでも、発信するだけでは効果がありません。企業もユーザーと同じフィールドに立ち「対話」が生まれやすい情報提供を心がける必要があります。

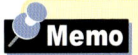

> **Memo**
> テキストやフォントを指定するときは、ウェブページの見やすさ、読みやすさについて意識しなければいけません。文字が小さすぎたり、行間が詰まって、読みにくい文章にならないように注意しましょう。

Chapter 3

SECTION 02 ページの見出しを記述しよう

ウェブページの見出しは、h1 から h6 までの要素で指定します。見出しには、大見出し、中見出し、小見出しなど、強さのレベルがあります。ページタイトルなどの大見出しは「h1」、記事の見出しは「h3」など、適切に指定していきます。

HTML

```
<h1> ページの見出し </h1>
```

通常の文書には必ず、見出しが記述されます。最も強い大見出しは、ページのタイトルなどです。タイトルの下のキャッチコピーは中見出し、記事の見出しは小見出しなど、見出しにもレベルがあります。

HTMLでは、見出しレベル1、レベル2のように分けて指定しなければいけません。例えば、ページタイトルであれば「見出しレベル1」ですから、「<h1> ページタイトル </h1>」のように記述します。

見出しの要素は6種類（h1、h2、h3、h4、h5、h6）用意されていますが、すべて使用する必要はありません。大半のページは、h1 〜 h4 要素で指定できます。

参考

- ➡ 3-08 見出しの大きさを変更しよう
- ➡ 4-05 見出しの画像を配置しよう
- ➡ 6-07 見出しを中央揃えにしよう

■ **ソースコード** `03_02.html`

HTML

```html
<h1>ウェブの役割について理解しよう</h1>
<h2>ウェブで私たちの生活はどう変わったのか？</h2>
<p>インターネット・ウェブの利用者増によって、個人が発信する情報群の価値が高まってきました（〜以下省略）</p>
<h3>インターネットの「検索」機能を活用した情報収集</h3>
<p>インターネットは私たちの社会に浸透し、多くの人たちにとって欠くことのできない生活の道具になりました。最も利用されているのは電子メールです（〜以下省略）</p>
```

- `<h1>` 見出しレベル1の指定
- `<h2>` 見出しレベル2の指定
- `<h3>` 見出しレベル3の指定

■ **ブラウザの表示**

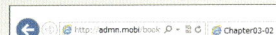

ウェブの役割と特性について理解しよう

ウェブで私たちの生活はどう変わったのか？

インターネット・ウェブの利用者増によって、個人が発信する情報群の価値が高まってきました。広告のあり方にも大きな影響を与えています。一方的に、公式な情報を提供するだけでは訴求できない時代になりました。

インターネットの検索機能を活用した情報収集

インターネットは私たちの社会に浸透し、多くの人たちにとって欠くことのできない生活の道具になりました。最も利用されているのは電子メールです。電車に乗ると、携帯電話を使って受信したメールをチェックしたり、返信文を入力している人をたくさん見かけます。

> **Memo** h1、h2要素を指定すると、ブラウザ上では「大きく、太く」表示されますが、文字を大きく表現するための指定ではありません。あくまで見出しを定義する要素です。文字の見栄えについてはCSSで指定します。

Chapter 3

SECTION 03 段落を記述しよう

ウェブページで段落を表現する場合は、p要素を指定します。ワードプロセッサなどで文章を入力する際、改行を使って空行をつくり段落にしますが、HTMLでは改行と段落を明確に区別しますので注意しましょう。改行はbr要素で指定します。

HTML

```
<p> ウェブページの段落 </p>
```

文章には**改行**と**段落**があります。

段落は長い文章の中の1つのまとまりとして扱われます。段落のない長文はとても読みづらく、文字を目で追うことが困難になってしまいます。HTMLでは、**p要素**（paragraph）を使い「`<p>文章の段落</p>`」のように記述します。段落と段落の間隔は、CSSで指定しますが、ブラウザが持っているデフォルトのスタイルが適用されますので、デザイナーが特に指定しなくても問題ありません。

また、改行は「`<p>段落と改行は<br>区別します</p>`」のように、**br要素**をp要素の中で使います。`<br><br>`と記述しても段落のように見えますが、ブラウザは段落として解釈しません。

📖 参考

➡ 1-04　HTMLのルールを理解しよう
➡ 3-10　行と行の間隔を調整してみよう
➡ 3-11　インデント（字下げ）を指定しよう

■ ソースコード 03_03.html

```html
<h3>インターネットの検索機能を活用した情報収集</h3>
<p>インターネットは私たちの社会に浸透し、多くの人たちにとって欠くことのできない生活の道具になりました。最も利用されているのは電子メールです。電車に乗ると、携帯電話を使って受信したメールをチェックしたり、（～以下省略）</p>
<p>検索もインターネットの強力な機能です。私たちは、気になる製品があった場合、詳細な情報を得ようとします。どのようなことができるのか、今までの製品と何が違うのか、価格はいくらか等、製品に関する基本情報について集めます（～以下省略）</p>
```

■ ブラウザの表示

インターネットの検索機能を活用した情報収集

インターネットは私たちの社会に浸透し、多くの人たちにとって欠くことのできない生活の道具になりました。最も利用されているのは電子メールです。電車に乗ると、携帯電話を使って受信したメールをチェックしたり、返信文を入力している人をたくさん見かけます。インターネットが商用化される前は、電話をかけるしか方法がありませんでしたので、大きな変化だといえるでしょう。

検索もインターネットの強力な機能です。私たちは、気になる製品があった場合、詳細な情報を得ようとします。どのようなことができるのか、今までの製品と何が違うのか、価格はいくらか等、製品に関する基本情報について集めます。家電量販店などに行けば、カタログがありますし、店員に詳しい情報を聞くこともできますが、インターネットなら場所や時間に拘束されることなく、迅速に情報収集できます。

> **Memo** 一般的に段落の行頭は、1文字分の字下げを指定します。ワードプロセッサなどでは、インデントの設定で字下げの指定をすることができます。ウェブページでは、全角の空白スペースで空けるのではなく、CSS（text-indentプロパティ）を使って指定します。「p { text-indent: 1em; }」のように記述すると、段落の行頭が1文字分の字下げになります。

Chapter 3

SECTION 04 箇条書きを記述しよう

ウェブページで箇条書きを表現する場合は、ul 要素と li 要素を使います。各項目の行頭に記号の「・(中黒)」を付ければ箇条書きになりますが、ブラウザが正しく解釈できませんので、必ず HTML の ul 要素と li 要素で記述しなければいけません。

```
<ul>
  <li> リストの項目 </li>
</ul>
```

箇条書きは、**全体を ul 要素**で指定し、**各項目には li 要素**を記述していきます。例えば、「スマートデバイスの OS の種類」を箇条書きで記したい場合は「<ul> <li>Apple iOS</li> <li>Google Android</li> <li>Windows Phone</li> </ul>」のように記述します。

デフォルトでは、各項目の行頭に「・(中黒)」が付きますが、CSS (list-style-type プロパティ) を指定すれば、白丸や数字、アルファベットなどに変更することが可能です。もし、項目の文字数が多く、数行になってしまう場合は、**br 要素**を使って、読みやすいように区切りのよい箇所で改行させてもかまいません。

> **参考**
>
> ➡ 1-04 HTML のルールを理解しよう
> ➡ 3-09 字体を変更しよう
> ➡ 3-10 行と行の間隔を調整してみよう

■ ソースコード `03_04.html`

```html
<p>ブラウザを搭載したハードウェア</p>
<ul>
  <li>デスクトップパソコン</li>
  <li>携帯電話</li>
  <li>スマートフォン</li>
  <li>タブレット</li>
  <li>ゲームデバイス</li>
  <li>電子書籍専用端末</li>
  <li>スマートTV</li>
</ul>
```

■ ブラウザの表示

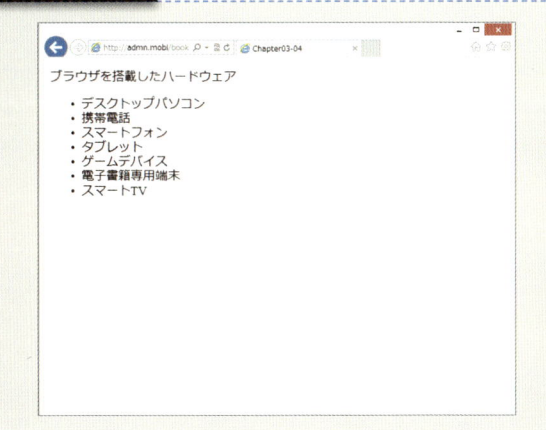

ブラウザを搭載したハードウェア
- デスクトップパソコン
- 携帯電話
- スマートフォン
- タブレット
- ゲームデバイス
- 電子書籍専用端末
- スマートTV

> **Memo** 箇条書きではなく、順序を示すようなリスト(操作手順などを示す場合など)は、li 要素ではなく、ol 要素を使います。「<ul><ol>USB を差し込む</ol> <ol>PC の電源をいれる</ol> </ul>」と記述すれば「1. USB を差し込む」「2. PC の電源をいれる」のように表示されます。

Chapter 3

SECTION 05 重要な語句を指定してみよう

ウェブページの文章内で重要な語句を示しておきたい場合は、strong 要素で指定します。HTML 4.01 の strong 要素は、語句を強調したいときに使っていましたが、HTML5 では重要度の高い情報に対して使用しますので、正しく理解しておいてください。

HTML

```
<strong> 重要な語句 </strong>
```

　ワードプロセッサを使った文書づくりで、重要な箇所を目立たせるために、文字を太くしたり、着色することがあると思います。

　ウェブページでも同様の表現が可能ですが、見栄えを変えるだけでは、ブラウザが正しく解釈してくれません。重要な語句があった場合、「<p> 緊急停止する場合は必ず <strong> 赤いボタン </strong> を押してください </p>」のように、strong 要素を使ってください。

　もし強調したいときは、strong 要素ではなく、em 要素で指定しましょう。「<p> 昨日オープンしたファッションサイトはとても <em> 魅力的 </em> です </p>」のような場合は強調になります。

参考

→ 1-04　HTML のルールを理解しよう
→ 3-02　ページの見出しを記述しよう
→ 3-03　段落を記述しよう

strong 要素と em 要素の大きな違いは（マークアップすることで）文章の意味が変わるかどうかです。「ライオンは猫と同じネコ科の動物です」という文中で、「ライオン」を強調した場合と、「ネコ科の動物」を強調した場合では意味が変わります。strong 要素による「重要な語句」は、em 要素のように指定によって意味は変わらないはずです。

■ ソースコード　03_05.html

```html
<h3>インターネットの検索機能を活用した情報収集</h3>
<p>インターネットは私たちの社会に浸透し、多くの人たちにとって欠くことのできない生活の道具になりました。最も利用されているのは<strong>電子メール</strong>です。電車に乗ると、携帯電話を使って受信したメールをチェックしたり、返信文を入力している人を　（〜以下省略）</p>
```

■ ブラウザの表示

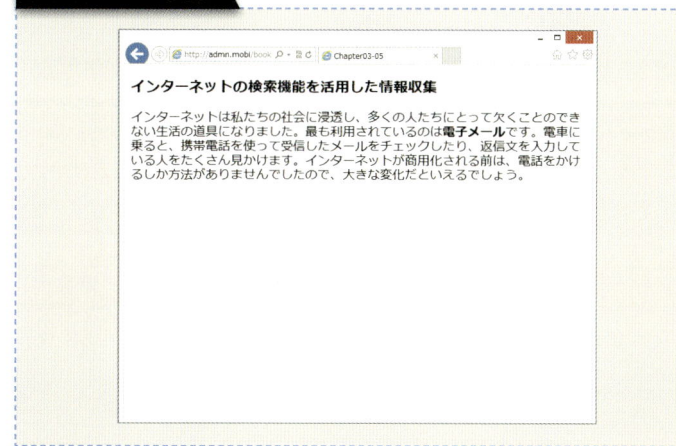

インターネットの検索機能を活用した情報収集

インターネットは私たちの社会に浸透し、多くの人たちにとって欠くことのできない生活の道具になりました。最も利用されているのは**電子メール**です。電車に乗ると、携帯電話を使って受信したメールをチェックしたり、返信文を入力している人をたくさん見かけます。インターネットが商用化される前は、電話をかけるしか方法がありませんでしたので、大きな変化だといえるでしょう。

> **Memo**
> strong 要素は、重要度の高さを示しますが、入れ子にすることで重要度のレベルを高くすることが可能です。「<p>回転が速くなりますので注意してください。緊急停止する場合は必ず赤いボタンを押してください。」のように記述できます。

Chapter 3

SECTION 06 文章を引用してみよう

他の文献やウェブページの一部を引用する場合は、引用文であることを示すための blockquote 要素を使って指定しなければいけません。ブラウザのデフォルト表示では、引用文のブロック上下に1文字分、左右に3文字分程度の余白がつくられます。

HTML

```
<blockquote>引用文</blockquote>
```

引用とは評論や研究目的などで他の著作物を掲載する行為のことです。引用する「必然性」や作品と引用箇所の「主従関係」が明確になっている必要があります。HTML では、blockquote 要素（ブロッククオート）を使って引用部分を示します。

ブラウザのデフォルトスタイルでは、引用の領域周辺に余白がつくられ、視覚的にも分離されています。出所の明示も必須ですが、もしウェブページの参照なら、cite 属性で URL を指定しておきましょう。「<blockquote cite="http://xxx.xxx.xxx">引用文</blockquote>」のように記述することができます。

参考

→ 1-04 HTML のルールを理解しよう
→ 3-03 段落を記述しよう
→ 3-08 見出しの大きさを変更しよう

■ ソースコード　03_06.html

```html
<p>引用文：</p>
<blockquote>
  <p>インターネットは私たちの社会に浸透し、多くの人たちにとって欠くことのできない生活の道具になりました。最も利用されているのは電子メールです。電車に乗ると、携帯電話を使って受信したメールをチェックしたり、返信文を入力している人をたくさん見かけます （～以下省略）</p>
</blockquote>
<p>2012年11月1日</p>
```

■ ブラウザの表示

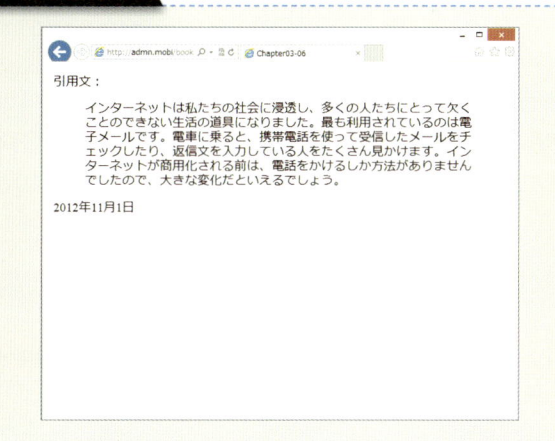

引用文：

インターネットは私たちの社会に浸透し、多くの人たちにとって欠くことのできない生活の道具になりました。最も利用されているのは電子メールです。電車に乗ると、携帯電話を使って受信したメールをチェックしたり、返信文を入力している人をたくさん見かけます。インターネットが商用化される前は、電話をかけるしか方法がありませんでしたので、大きな変化だといえるでしょう。

2012年11月1日

> **Memo**
> blockquote要素は、ブロック＋クオートですから、まとまった文章の引用で使いますが、文章の中で引用する場合は、q要素で指定できます（例：\<p> ××新聞によると、\<q> 国内出荷は前年度の実績をやや下回る \</q> という \</p>）。ブラウザ上では引用文にダブルクォーテーション「" "」（IE7以下は未対応）が付きます。

Chapter 3

SECTION 07 漢字にルビを振ってみよう

漢字などにルビを振る場合は、HTML の ruby 要素と rt 要素で指定します。例えば「屏風」にルビ（びょうぶ）を振るときは、「<ruby> 屏 <rt> びょう </rt> 風 <rt> ぶ </rt> </ruby>」のように、ルビを追加して、rt 要素で指定していきます。

```
<ruby>
  漢 <rt> かん </rt> 字 <rt> じ </rt>
</ruby>
```

ルビは、任意の文字にふりがなを振るときに使われます。文芸書などでは、「愛（LOVE）」といった独創的なルビの使い方もあります。

HTML では、ruby 要素で概要箇所を指定し、ルビに対して rt 要素を使い、「<ruby> 愛 <rt>LOVE</rt> </ruby>」のように記述します。

ただし、ルビに対応していないブラウザもありますので、括弧を付けて、rp 要素も記述したほうがよいでしょう。「<ruby> 愛 <rp>（</rp> <rt>LOVE</rt> <rp>）</rp> </ruby>」と記述しておけば、未対応のブラウザでは「愛（LOVE）」と表示されますので意味が伝わります。

参考

→ 1-04 HTML のルールを理解しよう
→ 3-03 段落を記述しよう
→ 3-10 行と行の間隔を調整してみよう

■ ソースコード　03_07.html

```html
<h3>ユーザーが発信する評価情報も得られるようになった</h3>
<p>ネットから得られるのはオフィシャルな情報だけではありません。その製品についての評判を調べることもできます。<ruby>Google<rp>（</rp><rt>グーグル</rt><rp>）</rp></ruby>であれば、製品名を入力して、ブログ検索を実行することで、購入者のレビュー記事などを読むことができます。今話題になっている新製品であれば、<ruby>Twitter<rp>（</rp><rt>ツイッター</rt><rp>）</rp></ruby>のタイムラインや<ruby>Facebook<rp>（</rp><rt>フェイスブック</rt><rp>）</rp></ruby>のウォールで検索すればリアルタイムで表示してくれます。</p>
```

■ ブラウザの表示

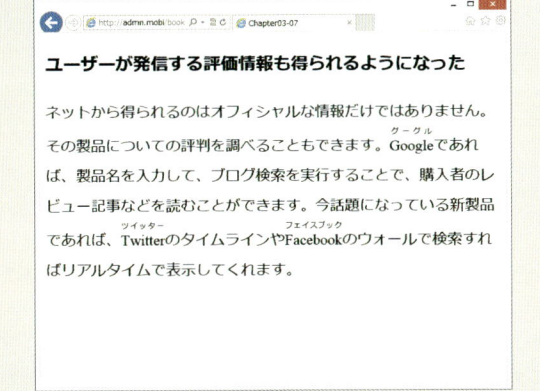

ユーザーが発信する評価情報も得られるようになった

ネットから得られるのはオフィシャルな情報だけではありません。その製品についての評判を調べることもできます。Google（グーグル）であれば、製品名を入力して、ブログ検索を実行することで、購入者のレビュー記事などを読むことができます。今話題になっている新製品であれば、Twitter（ツイッター）のタイムラインやFacebook（フェイスブック）のウォールで検索すればリアルタイムで表示してくれます。

> **Memo**　ルビには、単語の単位で振る「グループルビ」（例：蜻蛉（とんぼ））と1文字ごとに振る「モノルビ」（蜻（とん）蛉（ぼ））があります。「EPUB（イーパブ）」のような欧文単語はグループルビで指定します。

Chapter 3

SECTION 08 見出しの大きさを変更しよう

ウェブページの見出しの大きさを変更する場合は、CSS の font-size プロパティを使います。「<h1> サイトのタイトル </h1>」(見出しのレベル 1) のサイズを変更する場合は、CSS で「h1 { font-size: 1.8em; }」のように記述します。

```css
h1 {
    font-size: 1.8em;
}
```

文字サイズを指定する場合は、CSS の font-size プロパティで数値、もしくはキーワードで指定します。

数値には px (ピクセル値) や em (適用要素のフォントサイズを 1 としたときの相対値)、% (パーセンテージ値)」などがあります。ブラウザのデフォルトのフォントサイズが 16px だった場合、1em は 16px、0.75em にすると 12px で表示されることになります。キーワードには、x-large、large、medium、small、x-smaill などがあり、medium がブラウザのデフォルトのフォントサイズになります。なお、倍率の目安は medium が 16px なら、large は 18px、small は 13px です。

> **参考**
>
> → 1-08 CSS の基本文法をマスターしよう
> → 1-09 CSS を記述する場所について理解しよう
> → 3-02 ページの見出しを記述しよう

■ソースコード 03_08.html

```css
h1 { font-size: 1.4em; }   見出しレベル1のサイズを1.4emに指定   CSS
h2 { font-size: 1.2em; }   見出しレベル2のサイズを1.2emに指定
h3 { font-size: 1em; }     見出しレベル3のサイズを1emに指定
```

```html
<h1>ウェブの役割と特性について理解しよう</h1>
<h2>ウェブで私たちの生活はどう変わったのか?</h2>
<p>インターネット・ウェブの利用者増によって、個人が発信する情報群の価値が高まってきました。広告のあり方にも大きな影響を与えています (〜以下省略)</p>
<h3>インターネットの検索機能を活用した情報収集</h3>
<p>インターネットは私たちの社会に浸透し、多くの人たちにとって欠くことのできない生活の道具になりました。最も利用されているのは電子メールです(〜以下省略)</p>
```

■ブラウザの表示

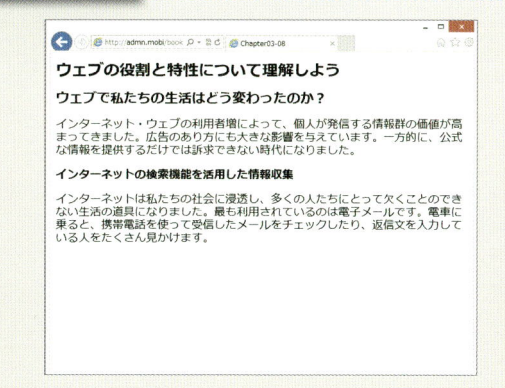

ウェブの役割と特性について理解しよう

ウェブで私たちの生活はどう変わったのか?

インターネット・ウェブの利用者増によって、個人が発信する情報群の価値が高まってきました。広告のあり方にも大きな影響を与えています。一方的に、公式な情報を提供するだけでは訴求できない時代になりました。

インターネットの検索機能を活用した情報収集

インターネットは私たちの社会に浸透し、多くの人たちにとって欠くことのできない生活の道具になりました。最も利用されているのは電子メールです。電車に乗ると、携帯電話を使って受信したメールをチェックしたり、返信文を入力している人をたくさん見かけます。

> **Memo** 小さな文字は読みづらく、可読性を低下させてしまいますが、特に太い文字が小さいとつぶれてしまいますので注意しましょう。例えば、Google Chrome などは、10px 以下のサイズを指定しても 10px より小さくなりません。

3 見出し・本文・リスト

Chapter 3

SECTION 09 字体を変更しよう

ウェブページの字体（フォント）を変更する場合は、CSS の font-family プロパティを使います。字体は、フォント名もしくはセリフ、サンセリフ、等幅などの総称ファミリー名で指定します。字体は閲覧者の環境（パソコンの OS）に依存します。

CSS

```css
p {
    font-family: serif;
}
```

字体を変更したい場合は、CSS の **font-family プロパティ**で**フォント名**、もしくは**総称ファミリー名**を指定します。総称ファミリー名は、セリフ、サンセリフ、等幅、装飾、筆記体といった種類のことで、利用者のパソコンにインストールされているフォントの中から適したものを表示する仕組みになっています。フォント名を指定する場合は、「font-family:" ＭＳ Ｐ明朝", "MS PMincho", " ヒラギノ明朝 Pro W3", "Hiragino Mincho Pro", serif;」のように、Windows と Mac OS X に標準インストールされている複数のフォントをカンマで区切りながら指定しておくと、利用可能なフォントを表示してくれます。

参考

- → 1-08 CSS の基本文法をマスターしよう
- → 1-09 CSS を記述する場所について理解しよう
- → 3-08 見出しの大きさを変更しよう

■ソースコード　03_09.html

```css
body { font-family: "ＭＳ Ｐ明朝", "MS PMincho", "ヒラギノ明朝
Pro W3", "Hiragino Mincho Pro", serif; }
```
ページ全体に明朝系の字体を指定
（※フォント名の前後にはダブルクォーテーション「"」が必要）

```html
<h1>ウェブの役割と特性について理解しよう</h1>
<h2>ウェブで私たちの生活はどう変わったのか？</h2>
<p>インターネット・ウェブの利用者増によって、個人が発信する情報群の価値が高まってきました。広告のあり方にも大きな影響を与えています　（〜以下省略）</p>
<h3>インターネットの検索機能を活用した情報収集</h3>
<p>インターネットは私たちの社会に浸透し、多くの人たちにとって欠くことのできない生活の道具になりました。最も利用されているのは電子メールです（〜以下省略）</p>
```

■ブラウザの表示

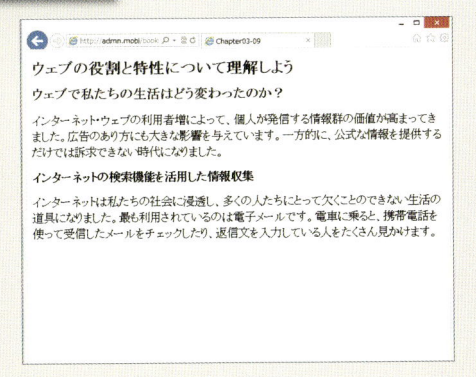

ウェブの役割と特性について理解しよう

ウェブで私たちの生活はどう変わったのか？

インターネット・ウェブの利用者増によって、個人が発信する情報群の価値が高まってきました。広告のあり方にも大きな影響を与えています。一方的に、公式な情報を提供するだけでは訴求できない時代になりました。

インターネットの検索機能を活用した情報収集

インターネットは私たちの社会に浸透し、多くの人たちにとって欠くことのできない生活の道具になりました。最も利用されているのは電子メールです。電車に乗ると、携帯電話を使って受信したメールをチェックしたり、返信文を入力している人をたくさん見かけます。

> **Memo**　総称ファミリー名について補足しておきましょう。セルフ（serif）は明朝系、サンセリフ（sans-serif）はゴシック系、等幅（monospace）は固定幅のフォント（Windows なら "ＭＳ ゴシック"、Mac OS は "Osaka" など）です。

Chapter 3

SECTION 10 行と行の間隔を調整してみよう

ウェブページの行間（行の高さ）の指定は、CSS の line-height プロパティを使います。ブラウザのデフォルトのスタイルで十分読みやすい場合は特に指定する必要はありませんが、フォントサイズや字体とのバランスで検討しましょう。

```css
p {
  line-height: 行の高さの値;
}
```

　行間とは「行と行の間隔」のことですが、CSS の line-height プロパティは行の高さを指定することで、見た目の行間を表現します。
　1 行の高さが大きくなれば、結果的に行と行の間隔が広がることになります。例えば、文字のサイズが 16px で、行の高さが 28px の場合、28 − 16 = 12px が上下の余白になります。つまり、上に 6px、下に 6px の余白が挿入されます。CSS では「p { font-size: 16px; line-height: 28px; }」と記述します。文字サイズの 2 倍にしたいときは「p { line-height: 2; }」と指定することも可能です。行の高さを何も指定しないと、ブラウザのデフォルト（文字サイズとほぼ同じ高さ）が適用されます。

参考

➡ 1-08　CSS の基本文法をマスターしよう
➡ 1-09　CSS を記述する場所について理解しよう
➡ 3-03　段落を記述しよう

■ ソースコード 03_10.html

```css
p { line-height: 1.8em; }
```
← 段落に対して行の高さ1.8を指定 (CSS)

```html
<h3>インターネットの検索機能を活用した情報収集</h3>
<p>インターネットは私たちの社会に浸透し、多くの人たちにとって欠くことのできない生活の道具になりました。最も利用されているのは電子メールです。電車に乗ると、携帯電話を使って受信したメールをチェックしたり、返信文を入力している人をたくさん見かけます　(〜以下省略)</p>
<p>検索もインターネットの強力な機能です。私たちは、気になる製品があった場合、詳細な情報を得ようとします。どのようなことができるのか、今までの製品と何が違うのか、価格はいくらか等、製品に関する基本情報について集めます。家電量販店などに行けば、(〜以下省略)</p>
```
(HTML)

■ ブラウザの表示

インターネットの検索機能を活用した情報収集

インターネットは私たちの社会に浸透し、多くの人たちにとって欠くことのできない生活の道具になりました。最も利用されているのは電子メールです。電車に乗ると、携帯電話を使って受信したメールをチェックしたり、返信文を入力している人をたくさん見かけます。インターネットが商用化される前は、電話をかけるしか方法がありませんでしたので、大きな変化だといえるでしょう。

検索もインターネットの強力な機能です。私たちは、気になる製品があった場合、詳細な情報を得ようとします。どのようなことができるのか、今までの製品と何が違うのか、価格はいくらか等、製品に関する基本情報について集めます。家電量販店などに行けば、カタログがありますし、店員に詳しい情報を聞くこともできますが、インターネットなら場所や時間に拘束されることなく、迅速に情報収集できます。

> **Memo**　line-heightプロパティで行の高さを指定するとき、文字の高さよりも小さい値にしてしまうと、上下の行と重なってしまいますのでよく確認しておきましょう。1行の中に異なる文字サイズの語句がある場合も注意してください。

Chapter 3

SECTION 11 インデント(字下げ)を指定しよう

ウェブページの段落で行頭を字下げ(インデント)したい場合は、CSS の text-indent プロパティで指定します。主要ブラウザのデフォルト表示では、インデントを適用しませんので、デザイナーが CSS で指定しておく必要があります。

CSS
```css
p {
  text-indent: 1em;
}
```

　一般的に段落の行頭は、1 文字分の字下げを指定しています。書籍や雑誌などを確認してみましょう。印刷物とは異なり、ウェブではインデントを指定していないサイトも多く、必須のものではありませんが、可読性が向上する可能性もありますので、必要かどうかじっくり検討してください。

　インデントは、CSS の **text-indent プロパティ**を使って指定しますが、「p { text-indent: 1em; }」と記述すれば、すべての段落の行頭が 1 文字分の字下げになります。

　もし、段落全体にインデントを適用したい場合は、マージン(margin)やパディング(padding)などで指定しましょう。

参考

- ➡ 1-08　CSS の基本文法をマスターしよう
- ➡ 1-09　CSS を記述する場所について理解しよう
- ➡ 3-03　段落を記述しよう

■ **ソースコード** `03_11.html`

```
p { text-indent: 1em; }
```
← 段落に対して 1 文字分の字下げを指定 　CSS

HTML

```
<h3>インターネットの検索機能を活用した情報収集</h3>
<p>インターネットは私たちの社会に浸透し、多くの人たちにとって欠くこと
のできない生活の道具になりました。最も利用されているのは電子メールで
す。電車に乗ると、携帯電話を使って受信したメールをチェックしたり、返信
文を入力している人をたくさん見かけます（〜以下省略）</p>
<p>検索もインターネットの強力な機能です。私たちは、気になる製品があっ
た場合、詳細な情報を得ようとします。どのようなことができるのか、今まで
の製品と何が違うのか、価格はいくらか等、製品に関する基本情報について集
めます。家電量販店などに行けば、（〜以下省略）</p>
```

■ **ブラウザの表示**

> **インターネットの検索機能を活用した情報収集**
>
> 　インターネットは私たちの社会に浸透し、多くの人たちにとって欠くことので
> きない生活の道具になりました。最も利用されているのは電子メールです。電車
> に乗ると、携帯電話を使って受信したメールをチェックしたり、返信文を入力し
> ている人をたくさん見かけます。インターネットが商用化される前は、電話をか
> けるしか方法がありませんでしたので、大きな変化だといえるでしょう。
>
> 　検索もインターネットの強力な機能です。私たちは、気になる製品があった場
> 合、詳細な情報を得ようとします。どのようなことができるのか、今までの製品
> と何が違うのか、価格はいくらか等、製品に関する基本情報について集めます。
> 家電量販店などに行けば、カタログがありますし、店員に詳しい情報を聞くこと
> もできますが、インターネットなら場所や時間に拘束されることなく、迅速に情
> 報収集できます。

Memo ワードプロセッサなどで文章を作成するとき、全角の空白スペースでインデントを表現することがありますが、HTML 内の文章では避けましょう。ページの見栄えに関することは、CSS を使って制御してください。

COLUMN

ウェブフォントの可能性

　ウェブデザインでは、CSS の font-family プロパティを使って、字体を指定していますが、閲覧環境によって他のフォントに置き換わってしまう場合があります。やむを得ず、画像で文字を表現することもありますが、ページ全体のデータサイズが大きくなったり、修正の手間もかかります。

　海外では 2010 年頃から、「ウェブフォント（Web Fonts）」を採用したウェブサイトが増えてきました。ウェブフォントは、サーバに置かれており、CSS で指定したフォントを自動的にダウンロードしてくれます。利用者のデバイスにフォントデータがインストールされていなくても、意図したとおりの見栄えを表現できます。ただし、ダウンロードからレンダリングまでのタイムラグがあるため、指定したフォントに切り替わる様子が一瞬見えてしまうのが今後の改善点だといえるでしょう。

　国内では、株式会社モリサワのクラウドフォントサービス「TypeSquare（タイプスクウェア）」（http://typesquare.com/）などが同様の環境を提供しています。

Retina ディスプレイを搭載した iPad で、TypeSquare のフォントを指定したウェブページを表示

見出しとリード文に対して、モリサワのフォントを指定（※縦書きの本文は iPad に内蔵されているヒラギノ明朝を指定）

第4章
画像

01. ウェブページで使用できる画像の種類と特長について
02. 画像を配置しよう
03. 画像の情報(代替テキスト)を入力しておこう
04. 画像のサイズをピクセルで指定しよう
05. 見出しの画像を配置しよう
06. キャプションを付けてみよう
07. 画像を中央揃えにしてみよう
08. 画像に枠線を付けてみよう
09. 画像のサイズをパーセントで指定しよう
10. ページ全体に背景パターンを表示させよう
11. ページ全体に背景画像を表示させよう

Chapter 4

SECTION 01　ウェブページで使用できる画像の種類と特長について

ウェブページの画像形式はGIFやJPEG、PNGなどで、グラフのようなフラットな図ならGIFやPNG、写真ならJPEGが適しています。また、HTMLのimg要素で指定する方法と、CSSのbackground-imageプロパティなどで指定する方法があります。

画像の種類で指定方法が異なる

　ウェブページ上に配置される写真や図表、イラスト、グラフィック、背景イメージなどは、GIFやJPEG、PNG、SVGなどの画像ファイルを使います。Adobe Photoshopなどの画像処理ソフトを利用して、画像を作成したり、撮影した写真を補正します。大半のソフトは、GIFやJPEG、PNGなどの形式で書き出せるようになっています。JPEGは、写真などの自然画に適した形式ですが、データサイズが大きくなるため圧縮しなければいけません。圧縮率を高くするとデータサイズは小さくなりますが画質が劣化します。このデータサイズと画質のバランスは、Photoshopなどのソフトで調整可能です。

　ウェブの画像は、意味画像と装飾画像に大別することができます。意味画像は、記事の写真や図など、欠けてしまうと意味が正しく伝わらない情報です。装飾画像は、見栄えを整える場合に使用される視覚表現で、装飾のための罫線やアイコン、背景イメージなどがあります。

　意味画像はHTMLのimg要素、装飾画増の多くはCSSで記述されますので、扱いが異なることを理解しておきましょう。

　また、写真や図のキャプションは専用のタグ（figcaption要素）を使い、他の文章とは区別されます。

■ソースコード 04_01.html

```css
body {
        background-image: url(check_pattern.jpg);
        background-repeat: no-repeat;
        background-position: top center;
}
figure {
        text-align: center;
}
```

```html
<figure>    ←キャプション付きの図表や写真などを示す指定
        <img src="photo.jpg" alt=" 墓地でくつろぐ猫の写真 ">
        <figcaption> 撮影：2013 年 3 月 1 日（東京台東区）</
        figcaption>    ←キャプションの指定
</figure>
```

■ブラウザの表示

Memo
GIF や JPEG、PNG などの形式は「ラスターグラフィックス」と呼ばれており、デジタルカメラで撮った写真やスキャナで取り込んだイメージなど、ウェブで利用されている画像の大半を占めています。一方、SVG などは「ベクターグラフィックス」と呼ばれており、拡大縮小や変形などに強く、画質が劣化しないため、ロゴや地図などに利用されています。

Chapter 4

SECTION 02 画像を配置しよう

ウェブページ上に配置する画像（写真やイラスト、グラフィックパーツなど）は、img 要素で指定します。img 要素には、src 属性や alt 属性、title 属性があります。画像ファイルの指定だけではなく（どのような画像なのか説明する）代替テキストも記述します。

```
<img src="画像ファイルの場所" alt="代替テキスト"
title="キャプション">
```

ウェブページの画像は、img 要素で指定します。表示させたい画像ファイルは、src 属性に記述しなければいけません。「<img src="images/photo.jpg" />」と記述した場合、HTML ファイルと同じ階層にある「images」フォルダの中の「photo.jpg」という JPEG ファイルがブラウザ上に表示されます。

alt 属性は画像が表示されなかった場合に必要な「代替テキスト」、title 属性には画像のキャプションを記述します。alt 属性については「4-03 画像の情報（代替テキスト）を入力しておこう」、title 属性は「4-06 キャプションを付けてみよう」を参照してください。

参考

➡ 1-04　HTML のルールを理解しよう
➡ 1-10　CSS の仕組みについて理解しよう
➡ 4-01　ウェブページで使用できる画像の種類と特長について

img要素には、画像の幅サイズを指定する**width属性**、高さを指定する**height属性**があります。「<img src="photo.jpg" width="640" height="480" alt="" title="" />」のように記述します。単位はピクセル数ですから、640 × 480ピクセルで表示されます。「width="320" height="240"」と指定すれば、数値のとおり、ページ上の画像は半分の大きさになります。詳細は「4-04 画像のサイズをピクセルで指定しよう」で解説しています。

■ ソースコード `04_02.html`

```html
<p>
    <img src="photo.jpg" alt="" title="">
</p>
```

■ ブラウザの表示

> **Memo** ページ全体に敷き詰める背景パターン画像などは、HTMLではなくCSSで指定します。画像が表示されなくても影響のない装飾目的の場合は、CSSのbackgroundプロパティを使いましょう。詳しくは「4-10 ページ全体に背景パターンを表示させよう」を参照してください。

Chapter 4

SECTION 03 画像の情報（代替テキスト）を入力しておこう

テキストは音声で読み上げることができますが、画像などの情報は、視覚障がいの人たちには伝わりません。また、通信トラブルで画像だけ表示されない場合もあります。画像の代わりにテキストを表示するため、alt属性で代替テキストを記述しておきましょう。

HTML

```
<img src=" 画像ファイルの場所 " alt=" 代替テキスト ">
```

ウェブページに配置された画像は、目で見て確認できますが、視覚障がいの人たちには意味が伝わりません。また、通信のトラブルなどで画像が表示されなかった場合も、どのような画像が配置されていたのか確認することができません。

そこで、**alt属性**に代替テキストを記述して、もし画像が表示されなかったときは代わりにテキストが表示されるように対処しておきます。例えば、富士山の写真であれば「<img src="photo.jpg" alt=" 晴れた日の富士山の写真 " />」のように記述します。「alt=" 写真A"」のように**画像の意味が伝わらない代替テキストは避けましょう**。

参考

→ **1-04** HTMLのルールを理解しよう
→ **4-01** ウェブページで使用できる画像の種類と特長について
→ **4-02** 画像を配置しよう

代替テキストの内容を決めるときは、画像を隠して、テキストだけで意味が伝わるかどうかチェックするとよいでしょう。画像のキャプションではありませんから、代替テキストだけで伝えなければいけません。画像の前後の情報を確認しながら、どのような文章が適しているのか考えてください。画像を含む記事全体をみて、正しく伝わるのなら、必ずしも画像の内容を正確に説明する必要はありません。

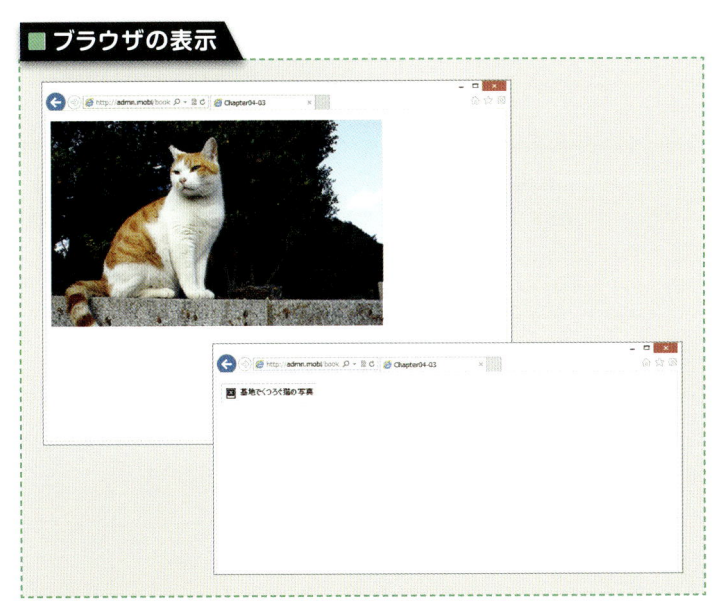

■ ソースコード　04_03.html

```html
<p>
        <img src="photo.jpg" alt="墓地でくつろぐ猫の写真">
</p>
```

■ ブラウザの表示

Memo 記事の中で使われている写真や図などは代替テキストが必須ですが、罫線や飾りのアイコンなど、装飾目的の画像は記述する必要はありません。例えば、罫線の画像に「alt="罫線"」といった代替テキストは不必要です。

Chapter 4

SECTION 04
画像のサイズを ピクセルで指定しよう

ウェブページに配置した画像はオリジナルのサイズで表示されますが、width属性で幅のピクセル値、height属性で高さのピクセル値を指定することも可能です（単位は付けません）。パーセンテージのように単位が必要な場合はCSSで指定します。

HTML

```
<img src="画像ファイルの場所" width="幅のピクセル値"
 height="高さのピクセル値">
```

ウェブページで画像を指定する場合「<img src="photo.jpg">」だけで、オリジナルサイズの表示になりますが、**幅と高さの数値（ピクセル数）を指定**することも可能です。

例えば、600×400ピクセルの画像ファイルを50%で表示したいときは「<img src="photo.jpg" width="300" height="200">」のように記述できます。なお、ピクセルの単位（px）は付けません。

もし、ウィンドウサイズに合わせた表示など、パーセンテージ（100%など）で指定したい場合は、HTMLではなくCSSを使う必要があります。パーセントの指定については「4-09 画像のサイズをパーセントで指定しよう」を参照してください。

参考

→ **1-04** HTMLのルールを理解しよう
→ **4-01** ウェブページで使用できる画像の種類と特長について
→ **4-02** 画像を配置しよう

■ソースコード　04_04.html

```html
<p>
        <img src="photo.jpg" width="500" height="308" alt="墓地でくつろぐ猫の写真">
</p>
```

■ブラウザの表示

サンプルでは「<img src="photo.jpg" width="500" height="308" alt=" 墓地でくつろぐ猫の写真 ">」と記述しているが、widthおよびheight属性の値は、オリジナル画像の幅500ピクセル、高さ308ピクセルである。「width="500" height="308"」を省略した場合でも、オリジナル画像のサイズで表示されるので、結果は同じになる

Memo 画像を縮小表示する場合はほとんど影響ありませんが、拡大すると閲覧環境によってはかなり画質が低下します。150 × 150 ピクセルの画像を「width="300" height="300"」にすると 200％表示になりますが、画質が劣化してしまいます。

Chapter 4

SECTION 05 見出しの画像を配置しよう

ウェブページのタイトルなどをグラフィック画像で表現したい場合は、img要素で指定しますが、h1要素の見出し（<h1>ページのタイトル</h1>）であれば、「<h1><img src="画像ファイルの場所"></h1>」のように記述します。

```html
<h1><img src="画像ファイルの場所 " alt="代替テキスト
"></h1>
```

　見出しはテキストで表現するのが基本ですが、ロゴを組み合わせたり特別な字体を使ってデザインしたい場合は、**画像**を使用することになります。「<h1>インターネット入門</h1>」に対して画像を使いたいときは、「<h1><img src="title.png" alt="インターネット入門"></h1>」のように記述するとよいでしょう。

　もし、通信トラブルなどで画像が表示されなかった場合、見出しがないページになってしまいますので、必ず**alt属性**で**代替テキストを記述**しなければいけません。代替テキストについては「4-03　画像の情報（代替テキスト）を入力しておこう」を参照してください。

参考

- ➡ 1-04　HTMLのルールを理解しよう
- ➡ 3-02　ページの見出しを記述しよう
- ➡ 4-02　画像を配置しよう

見出し画像と カバーグラフィック（トップページの上部に配置されるビジュアルイメージ）は分けて扱いましょう。見出しの場合は、欠けてしまうと不完全な情報になってしまいますので、必ず HTML で記述します。カバーグラフィックはウェブページの印象を決める重要な情報ですが「装飾」情報です。装飾は CSS で指定する「背景画像」として扱う必要があります。もし、何らかの通信トラブルで CSS が読み込めず、カバーグラフィックが欠けてしまっても、情報は伝わります。

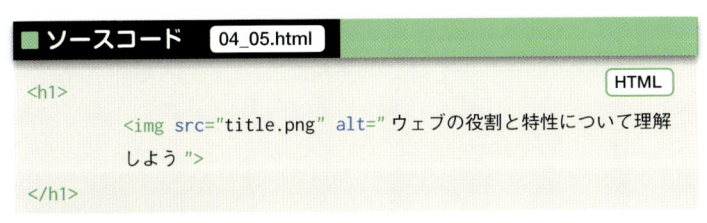

■ソースコード　04_05.html

HTML

```html
<h1>
    <img src="title.png" alt="ウェブの役割と特性について理解しよう">
</h1>
```

■ブラウザの表示

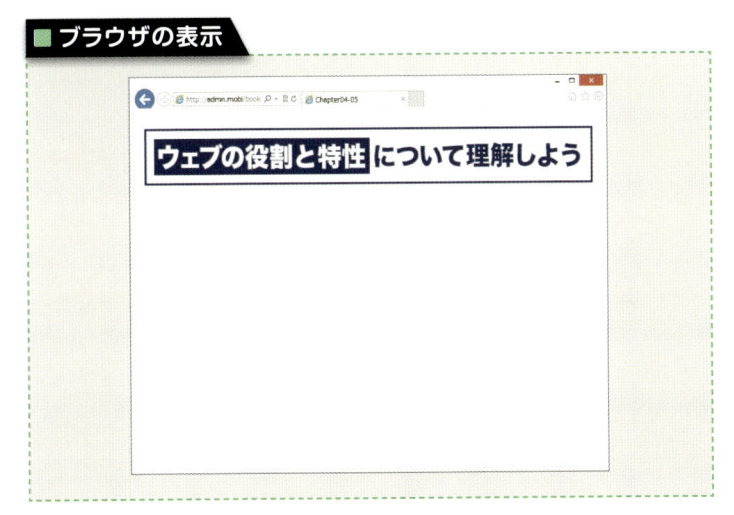

ウェブの役割と特性 について理解しよう

> **Memo**　見出しに画像を使用すれば表現の幅が広がり、デザインの自由度も高くなりますが、乱用するのは避けたほうがよいでしょう。極力、テキストで記述し、見栄えは CSS で指定するのが基本です。CSS を使っても表現できないときに画像を使ってください。

Chapter 4

SECTION 06 キャプションを付けてみよう

記事内の写真や図表などにキャプションを付けたい場合は、figcaption 要素で記述します。img 要素の下に記述すると画像の下にキャプションが表示されます。画像とキャプションをまとめるために、figure 要素で2つの要素をはさみます。

```html
<figure>
    <img src="画像ファイルの場所" alt="代替テキスト"><figcaption>キャプション</figcaption>
</figure>
```

　ウェブページに配置される画像には、意味画像(コンテンツの一部)と装飾画像(見栄えのための飾りなど)があります。

　意味画像の中には、**キャプション**を必要とするものがあり、HTML では、**figcaption 要素**で記述します。また、画像とキャプションを**グループ化**するため、**figure 要素**も必要です。「<figure><img src="photo.jpg"><figcaption>キャプション</figcaption></figure>」のように記述することになります。

　なお、Internet Explorer 8 以下は、figcaption 要素をサポートしていま

参考

➡ 1-04　HTML のルールを理解しよう
➡ 3-03　段落を記述しよう
➡ 4-02　画像を配置しよう

せん。詳細は「1-11　ウェブブラウザについて理解しておこう」を参照してください。

キャプションの位置調整は CSS を使います。見栄えのために、改行したり、空白のスペースを入れるのは避けましょう。サンプルのように「<figcaption> 撮影：2013 年 3 月 1 日（東京台東区）</figcaption>」と記述した場合は、figcaption 要素に対して、マージンやパディングなどを指定し、画像や周辺のテキストとの間隔を調整します。

■ソースコード　04_06.html

```html
<figure>
        <img src="photo.jpg" alt="墓地でくつろぐ猫の写真 ">
        <figcaption> 撮影：2013 年 3 月 1 日（東京台東区）</figcaption>
</figure>
```

■ブラウザの表示

> **Memo**　キャプションは「<img src=" 画像ファイルの場所 " title=" キャプション " alt=" 代替テキスト " />」のように、title 属性で指定することもできます（title 属性のキャプションはブラウザ上に表示されません）。figcaption 要素でキャプションを記述した場合は title 属性を省略できます。

Chapter 4

SECTION 07 画像を中央揃えにしてみよう

ウェブページに配置した画像を中央揃えにしたい場合は、text-align プロパティを使うのが最も簡単な方法です。CSS で指定する場合は、配置した画像に対して「display:block; margin: auto;」と指定すれば、同様の結果になります。

CSS

```
p {
     text-align: center;
}
```

　テキストを中央揃えにしたい場合は「text-align: center;」のように、**text-align プロパティ**を使用しますが、画像に対して指定した場合も同様に中央揃えになります。「`<p><img src="画像ファイルの場所" alt="代替テキスト"></p>`」であれば、「p { text-align: center; }」と記述すればよいでしょう。p 要素など、**ブロックレベル要素内のインライン要素**（この場合は img 要素）に対して位置揃えを指定することができます。

　ただし、この指定だとすべての段落が中央揃えになってしまいますので、**class 属性**で「`<p class="クラス名"> 〜 </p>`」、CSS で「.クラス名 { text-align: center; }」と記述します。

> **参考**
> - ➡ 1-04 HTML のルールを理解しよう
> - ➡ 1-08 CSS の基本文法をマスターしよう
> - ➡ 4-02 画像を配置しよう

サンプルでは、img 要素の親要素である「p 要素（<p> 〜 </p>）」に、class 名「hc」を付けて、他の段落とは区別しています。CSS では、「<p class="hc"> 〜 </p>」に対して、「text-align: center;」を指定しています。

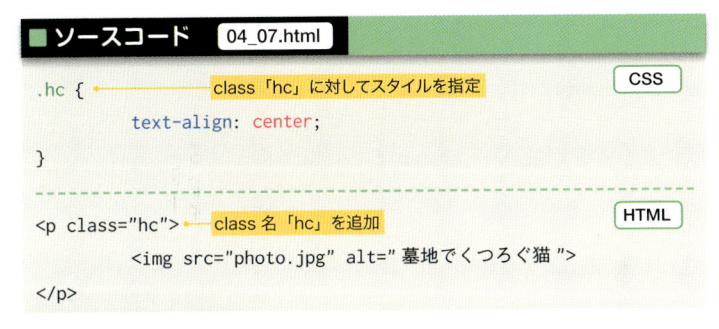

■ソースコード　04_07.html

CSS — class「hc」に対してスタイルを指定
```css
.hc {
        text-align: center;
}
```

HTML — class 名「hc」を追加
```html
<p class="hc">
        <img src="photo.jpg" alt="墓地でくつろぐ猫">
</p>
```

■ブラウザの表示

> **Memo** img 要素に対して直接、中央揃えを指定したい場合は、display プロパティでブロックレベル要素に変換します。「<p><img src="画像ファイルの場所"></p>」に対して、「p img { display: block; margin: auto; }」のように記述すれば、画像を中央揃えにすることができます。

Chapter 4

SECTION 08 画像に枠線を付けてみよう

ウェブページに配置した画像の周辺に枠線を付けたい場合は、CSSのboderプロパティで指定します。boderプロパティの値には、線の太さ、線の種類、線の色などがあります。線の種類は、実線だけではなく、破線や点線、二重線などを指定できます。

CSS

```
img {
        border: 線の太さ 線の種類 線の色 ;
}
```

配置する写真などがページの背景に溶け込んでしまう場合、枠線によって対処することがあります。画像に直接、枠線を描く方法もありますが、CSSで指定すれば、線の太さや色を簡単に変更することができます。枠線はボーダーとも呼ばれます。

CSSでは、boderプロパティで指定します。値には、線の太さ、線の種類（実線、破線、点線、二重線など）、線の色があり、まとめて記述することが可能です。例えば「img { border: 10px solid #26a; }」と記述すると、太さ10ピクセルの青色の実線が画像の周辺に表示されます。

色は色名、もしくは16進数で指定します。色の名前については色見本の一覧（259ページ）を参照してください。

参考

→ **1-08** CSSの基本文法をマスターしよう
→ **1-09** CSSを記述する場所について理解しよう
→ **4-02** 画像を配置しよう

写真などをウェブページに掲載する場合、ページの背景色と写真の一部の領域が同化して（背景色が白で、写真の周辺にも白い領域がある場合など）、見づらくなってしまう場合があります。このようなときは、写真に細い枠線を付けるだけでも効果があります。

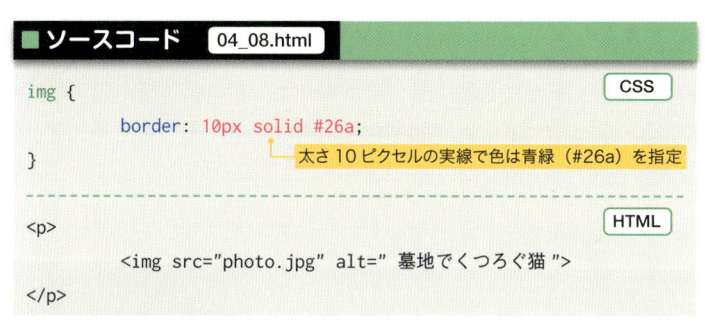

■ ソースコード 04_08.html

```css
img {
        border: 10px solid #26a;
}
```
太さ 10 ピクセルの実線で色は青緑（#26a）を指定

```html
<p>
        <img src="photo.jpg" alt=" 墓地でくつろぐ猫 ">
</p>
```

■ ブラウザの表示

> **Memo** 線の種類には、none（なし）、solid（実線）、dashed（破線）、dotted（点線）、double（二重線）、groove（立体表現：くぼみ）、ridge（立体表現：隆起）、inset（立体表現：枠線で囲まれた全体のくぼみ）、outset（立体表現：枠線で囲まれた全体の隆起）などがあります。線が細いと立体的に見えませんので注意しましょう。

Chapter 4

SECTION 09 画像のサイズをパーセントで指定しよう

ウェブページに配置した画像に対して、CSS で「width: 100%;」のようにパーセンテージ指定すると、ブラウザのウィンドウサイズに合わせて伸縮する表現が可能です。ウィンドウサイズを広げると拡大、狭めると縮小されます。

CSS

```
img { width: 100%; }
```

　画像のサイズを HTML で指定する場合は、img 要素の width 属性で幅のピクセル値、height 属性で高さのピクセル値を指定することができます。なお、ピクセルの単位は付けません。ただし、ブラウザのウィンドウサイズに合わせて伸縮するようなパーセンテージによる指定はできません。この場合は、CSS で記述することになります。

　例えば「<img src="photo.jpg">」であれば、「img { width: 100%; }」と記述することで、表現することが可能です。100%を指定すると、ウィンドウの大きさに合わせて画像サイズが拡大または縮小します。50%の場合は、ウィンドウの半分の大きさに合わせて画像が表示されます。

参考

→ 1-08 CSS の基本文法をマスターしよう
→ 1-09 CSS を記述する場所について理解しよう
→ 4-04 画像のサイズをピクセルで指定しよう

2011年頃から注目されている**レスポンシブ・ウェブデザイン**という開発アプローチがあります。この手法を採用すると、1つのHTMLでスマートフォンからデスクトップ（パソコン）まで適応させることができます。この手法では、配置している画像はすべてパーセンテージで指定しています。

■ **ソースコード** 04_09.html

```css
img {
        width: 100%;
}
```

```html
<p>
        <img src="photo.jpg" alt="墓地でくつろぐ猫">
</p>
```

■ **ブラウザの表示**

> **Memo** パーセンテージで指定された画像は、ウィンドウのサイズを広げた場合、拡大しますので画質が劣化してしまいます。もし、オリジナルオリジナルサイズより大きくならないように幅の最大値を指定したいときは「max-width: 100%;」と記述します。

Chapter 4

SECTION 10 ページ全体に背景パターンを表示させよう

ウェブページには、コンテンツ以外に装飾の要素があります。背景イメージなどは代表的な装飾表現です。このような視覚表現は、HTMLではなく、CSSを使います。背景イメージの場合は、CSSのbackground-imageプロパティで指定します。

CSS

```
body {
        background-image: url(背景画像ファイルの場所);
}
```

ウェブページの背景に画像を表示する場合は、HTMLのimg要素ではなく、CSSのbackground-imageプロパティを使います。「background-image: url(画像ファイルの場所);」のように、画像ファイルの場所を指定することでウェブページの背景になります。

また、背景画像は水平方向、垂直方向に繰り返し表示されますので、パターン表現が可能です。

注意点は、暗い背景画像の上に白のテキストを表示している場合です。もし、何らかのトラブルで背景画像が表示されなかった場合、デフォルトの背景色（白）の上に白い文字が重なってしまうため、見えなくなってし

参考

➡ 1-08 CSSの基本文法をマスターしよう
➡ 1-09 CSSを記述する場所について理解しよう
➡ 4-11 ページ全体に背景画像を表示させよう

まいます。このような事態を避けるためには「background-color: black;」（背景色を黒）も追加しておくとよいでしょう。

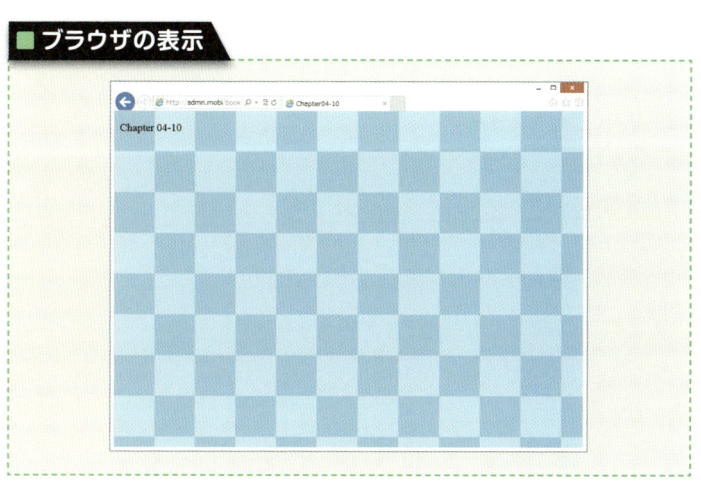

■ **ソースコード** `04_10.html`

```css
body {
        background-image: url(pattern.png);
}
```

■ **ブラウザの表示**

> **Memo** background-image プロパティのみ指定した場合はパターン表示になりますが、背景画像を1つだけ表示したい場合は、background-repeat プロパティで指定しなければいけません。詳細は、「4-11 ページ全体に背景画像を表示させよう」を参照してください。

Chapter 4

SECTION 11 ページ全体に背景画像を表示させよう

背景画像には、小さな画像を繰り返し表示してパターン表現する手法と大きな画像を1つだけ配置する手法があります。後者の場合は、background-repeat プロパティと、background-position プロパティで配置方法と位置を指定します。

CSS

```css
body {
        background-image: url(背景画像ファイルの場所);
        background-repeat: no-repeat;
        background-position: top center;
}
```

　ウェブページの背景に画像を表示する場合は、「4-10　ページ全体に背景パターンを表示させよう」で解説したように、CSS の background-image プロパティで指定します。画像は、水平方向、垂直方向に繰り返し表示されます。パターン表現の場合はよいのですが、1つの画像を任意の位置に表示したいときは、配置方法と位置のプロパティを追加する必要があります。

参考

- → 1-08　CSS の基本文法をマスターしよう
- → 1-09　CSS を記述する場所について理解しよう
- → 4-10　ページ全体に背景パターンを表示させよう

画像の配置方法は、**background-repeat プロパティ**を使い、no-repeat（繰り返し表示しない）、repeat-x（水平方向のみ繰り返す）、repeat-y（垂直方向のみ繰り返す）を指定します。

　画像の位置は、**background-position プロパティ**で指定します。値には、top、center、left、right、bottom などがあり、例えば「background-position: top center;」の場合は、画像が中央・上部に配置されます。

■ソースコード　04_11.html

```css
body {
        background-image: url(photography.jpg);
        background-repeat: no-repeat;
        background-position: top center;
}
```

- `background-image: url(photography.jpg);` 背景画像ファイルの場所を指定
- `background-repeat: no-repeat;` 背景画像を繰り返し表示しない指定
- `background-position: top center;` 背景画像の位置を中央・上部にあわせる指定

■ブラウザの表示

> **Memo**　配置する画像の位置は、background-position プロパティで、top、center、left、right、bottom などの値を指定しますが、ピクセル値やパーセント値も可能です。「background-position: 20px 50px;」の場合、画像を左から 20 ピクセル、上から 50 ピクセルの位置に表示します。

COLUMN

ラスターグラフィックスとベクターグラフィックス

画像には「ラスターグラフィックス」と「ベクターグラフィックス」があります。

GIF や JPEG、PNG などのウェブで使われている画像はラスターグラフィックスで、ドットで構成された画像です。拡大縮小や自由回転に弱く、オリジナルの画像が小さいと画質が劣化してしまいます。

ベクターグラフィックスは、数式によって表現されており、変形を繰り返しても劣化しないのが特徴で、SVG（Scalable Vector Graphics：エスブイジー／拡張子は「.svg」もしくは「.svgz」）などの形式があります。SVG は、W3C によって策定された標準技術で、XML によって記述されています。スクリプトでアニメーション制御することも可能です。Adobe Illustrator には、SVG 形式で書き出す機能が搭載されていますので、SVG の仕様を理解していなくても簡単に作成することができます。

サンプル文字

サンプル文字を Adobe Illustrator で拡大表示（ベクターグラフィックス）

サンプル文字を Adobe Photoshop で拡大表示（ラスターグラフィックス）

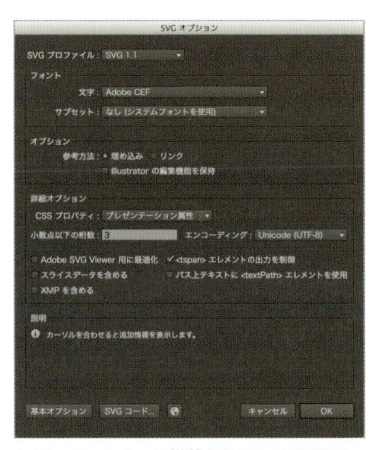

Adobe Illustrator に搭載されている SVG ファイルの書き出し機能

第 5 章
ハイパーリンク

- **01** ハイパーリンクの仕組みと活用方法について
- **02** 他のページにリンクしてみよう
- **03** 外部のホームページにリンクしてみよう
- **04** 同じページの特定の箇所に移動させよう
- **05** リンクしたページを新しいウィンドウに表示させよう
- **06** ダウンロードのリンクを指定しよう
- **07** メーラーを起動させるリンクを指定しよう
- **08** 画像をリンクのボタンにしてみよう
- **09** テキストリンクの色を変更しよう

Chapter 5

SECTION 01 ハイパーリンクの仕組みと活用方法について

ハイパーリンク抜きにウェブを語ることはできません。インターネット上には世界中の膨大な情報が置かれていますが、ハイパーリンクの仕組みによって、誰でも自由に参照することができます。ウェブサイト作りには欠かすことのできない仕組みです。

複数のファイルを相互参照できる

ハイパーリンク（Hyperlink）は、複数の文書ファイルなどを相互参照できる機能のことです。HTML の **a 要素**と **href 属性**で指定します。サイト内に置かれているページだけではなく、外部のサイトや PDF、ZIP などのデータファイルなども対象にでき、同じページの特定の箇所を指定することも可能です。

参照先のページは同じウィンドウに表示されますが、**target 属性**を使えば、新規ウィンドウを開いて表示することができます。

■ ブラウザの表示

リンク先
(05_01b.html)

■ソースコード　05_01a.html　05_01b.html

```css
a:link {          ← テキストリンクの指定
        color: black;
}
a:visited {       ← 参照済みのテキストリンクの指定
        color: gray;
        text-decoration: none;   ← 参照済みのテキストリンクに付く下線を非表示にする指定
}
a:hover {         ← テキストリンクにカーソルを合わせたときの指定
        color: blue;
}
a:active {        ← テキストリンクをクリックしたときの指定
        color: red;
}
a {
        text-decoration: none;   ← テキストリンクに付く下線を非表示にする指定
}
```

```html
<h3> 目次 </h3>
<ol>
        <li><a href="05_01b.html"> ウェブの役割と特性について理解しよう </a></li>
        <li><a href="dummy.html"> ウェブの技術について理解しよう </a></li>
        <li><a href="dummy.html"> ウェブサイトを設計してみよう </a></li>
</ol>
```

※掲載コードの内容は 05_01a.html

> **Memo**　画像に対しても a 要素を指定することができますので、ビジュアライズされた視覚表現に富んだリンクボタンを設置することができます。ハイパーリンクの指定は、a 要素と href 属性で指定しますが、href 属性を記述しなかった場合は「プレースホルダー」として扱われます（例：<a> テキスト </a>）。プレースホルダー（場所取り）は、リンク指定のダミーとして使われます。

Chapter 5

SECTION 02 他のページにリンクしてみよう

ウェブページには、別の場所にあるページを参照するハイパーリンク機能があり、ページAからページB、さらにページCへとリンクをたどりながら参照していくことが可能です。紙の文書とは異なるHTMLの大きな特徴だといってよいでしょう。

```
<a href="リンク先のアドレス">テキスト</a>
```

　ウェブページから他のウェブページを参照する機能が、**ハイパーリンク**です。HTMLの **a要素** で指定します。

　指定方法はとても簡単で、**href属性** で参照先のウェブページの場所を記します。例えば、同じ階層にあるsample.htmlというウェブページを参照したい場合は、「<a href="sample.html">〜</a>」、bookというフォルダの中にあるsample.htmlなら「<a href="book/sample.html">〜</a>」と記述します。

　a要素で挟まれた部分(語句や画像)が、リンクのボタンとして機能する仕組みになっています。他のページを参照することを「リンクを張る」と表現する場合もあります。

参考

- ➡ 1-01 HTMLとは
- ➡ 5-02 他のページにリンクしてみよう
- ➡ 5-03 外部のホームページにリンクしてみよう

■ ソースコード `05_02a.html` `05_02b.html`

```html
<h3> 目次 </h3>
<ol>
        <li><a href="05_02b.html"> ウェブの役割と特性について理解
しよう </a></li>
        <li> ウェブの技術について理解しよう </li>
        <li> ウェブサイトを設計してみよう </li>
</ol>
```

※掲載コードの内容は 05_02a.html

■ ブラウザの表示

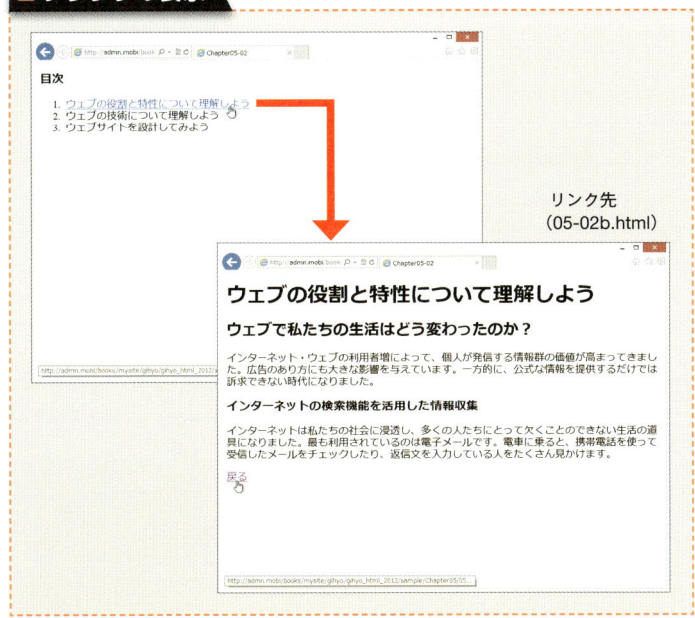

リンク先
（05-02b.html）

Memo a 要素の「a」は Anchor（アンカー）の頭文字で、錨（いかり）の意味ですが、ページとページを「つなぎとめる」という捉え方でよいと思います。「参照元のページと参照先のページをつなぐ錨」というイメージです。

Chapter 5

SECTION 03 外部のホームページにリンクしてみよう

ハイパーリンク機能は外部のサイトも対象にすることができます。インターネット上には膨大な数のサイトが公開されており、大半は誰でも自由に閲覧できますが、リンク指定が可能なサイトも同様です。サイトの URL を指定するだけです。

HTML

```
<a href="リンク先のアドレス">テキスト</a>
```

ハイパーリンク機能は、同じサイト内のページだけではなく、**外のサイト**も対象にすることができます。同サイトの場合は、ファイル名もしくは、フォルダ名(ディレクトリ名)とファイル名で指定しますが、外部サイトは **URL 全体**で指定しなければいけません。

Google を参照したければ「http://www.google.co.jp/」を指定しますので、「<a href="http://www.google.co.jp/">～</a>」のように記述することになります。インターネット上で公開されているすべてのサイトを対象にできるわけです。

なお、ID とパスワードが必要なサイトはリンク指定しても開くことができません。

参考

➡ 1-01 HTML とは
➡ 5-02 他のページにリンクしてみよう
➡ 5-03 外部のホームページにリンクしてみよう

■ ソースコード 05_03.html

```html
<h3> 検索エンジン </h3>
<ul>
        <li><a href="http://www.google.co.jp/">Google</a></li>
        <li><a href="http://www.yahoo.co.jp/">Yahoo! JAPAN</a></li>
        <li><a href="http://www.bing.com/">Bing</a></li>
</ul>
```

■ ブラウザの表示

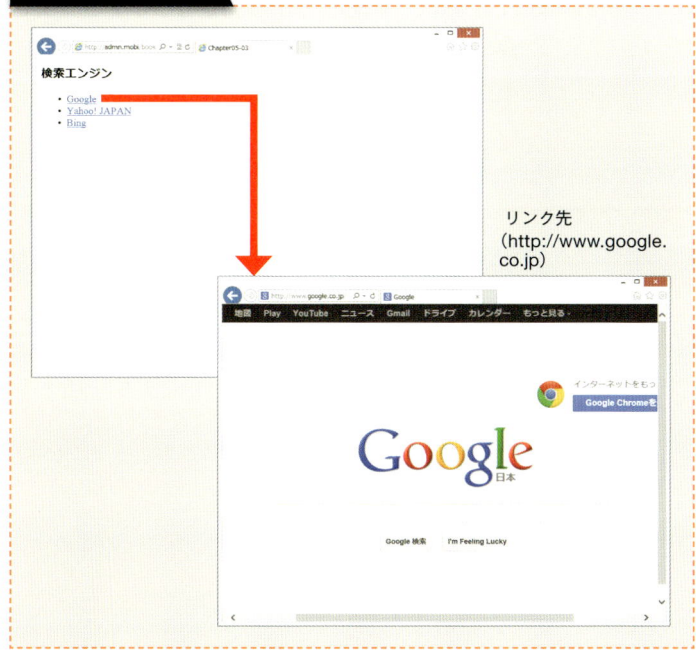

リンク先
(http://www.google.co.jp)

Memo 一定の期間が経過すると記事のページが見られなくなってしまうサイトがあります（一部の新聞社など）。このようなページを参照している場合、「ページが見つかりません」と表示されますので、気づいたらリンクを修正しておきましょう。

Chapter 5

SECTION 04 同じページの特定の箇所に移動させよう

延々とスクロールしなければいけない情報量の多いページは、上部にインデックスを置いて、読みたい箇所の見出しをクリックするだけで該当記事を呼び出せると便利です。ハイパーリンク機能を使えば、同ページの特定の箇所へのリンクも可能です。

```
<a href="#id 名 "> 記事にリンク </a>
<h3 id="id 名 "> 記事の見出し </h3>
```

ハイパーリンク機能は、同じページの特定の箇所にも指定可能です。情報量が多いページは、スクロールしながら閲覧するのが大変です。そこで、ページの最上部に見出しをまとめて掲載し、読みたい記事の見出しをクリックするだけで、すぐに表示されるように指定しておきます。

例えば、ページの後半にある記事を参照したい場合、参照先の見出しなどに「<h3 id="id 名 "> 記事の見出し </h3>」と id 名を付けておきます。そして、「<a href="#id 名 "> 〜 </a>」のように id 名（頭に # を付ける）でリンク指定すれば、同じページ内の参照箇所をブラウザの表示領域に移動させることができます。

参考

- → 1-01 HTML とは
- → 5-02 他のページにリンクしてみよう
- → 5-03 外部のホームページにリンクしてみよう

■ ソースコード 05_04.html

```html
<ol>
    <li> ウェブで私たちの生活はどう変わったのか？ </li>
    <li><a href="#s2"> インターネットの検索機能を活用した情報収集 </a></li>
</ol>
（～以下省略）
<h3 id="s2"> インターネットの検索機能を活用した情報収集 </h3>
<p> インターネットは私たちの社会に浸透し、多くの人たちにとって欠くことのできない生活の道具になりました。最も利用されているのは電子メールです。電車に乗ると、携帯電話を使って受信したメールをチェックしたり、返信文を入力している人をたくさん見かけます。</p>
```

■ ブラウザの表示

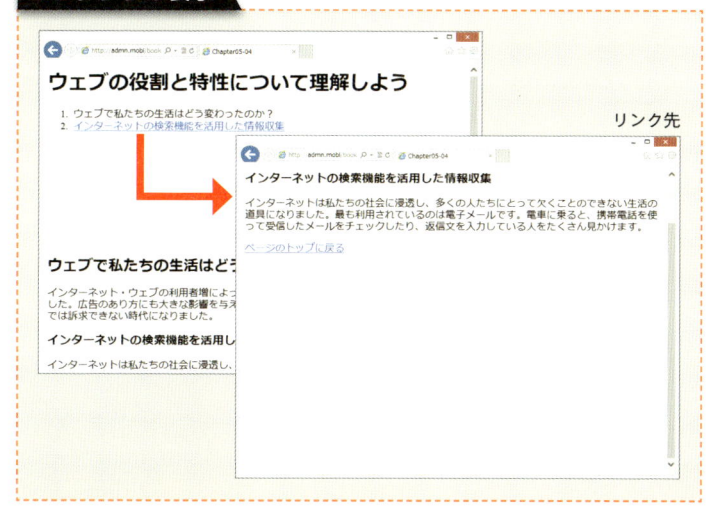

リンク先

> **Memo** 参照先に id 名を付けるときは、ページ内で重複しないように注意してください（同じ id 名を指定しないように）。また、id 名に空白のスペースは使えません。同ページで複数の id を使う場合は、わかりやすい名前にしておきましょう。

Chapter 5

SECTION 05 リンクしたページを新しいウィンドウに表示させよう

ハイパーリンクの指定で、参照先のページを新しいウィンドウ（もしくは新しいタブ）に表示する場合、target属性で「_blank」を指定します。記事本文の語句（専門用語など）の意味を別ページで解説しているサイトなどで使用されています。

```html
<a target="_blank" href="リンク先のアドレス">
テキスト</a>
```

　リンク指定すると、参照先のページはブラウザの同じウィンドウに表示されますので、ページが移動したように感じます。ページをたどりながら調べるときはよいのですが、文中の語句の意味などが記されたページを表示する場合は、参照元のページに戻る必要がありますので、新規のウィンドウを開いて表示したほうが便利かもしれません。

　このような表示方法の指定は、target属性を使います。新しいウィンドウ、もしくは新しいタブに表示する場合は「<a target="_blank" href="リンク先のアドレス">～</a>」のように「_blank」を指定します。頭の記号は「_（アンダースコア）」なので注意しましょう。

参考

- → 1-01　HTMLとは
- → 5-02　他のページにリンクしてみよう
- → 5-03　外部のホームページにリンクしてみよう

■ソースコード　05_05.html

```html
<h3>検索エンジン</h3>
<ul>
        <li><a target="_blank" href="http://www.google.co.jp/">Google</a></li>
        <li><a target="_blank" href="http://www.yahoo.co.jp/">Yahoo! JAPAN</a></li>
        <li><a target="_blank" href="http://www.bing.com/">Bing</a></li>
</ul>
```

■ブラウザの表示

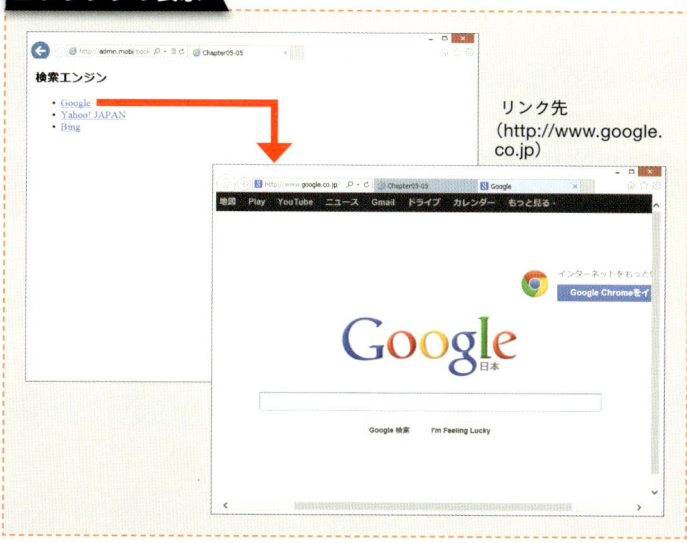

リンク先
(http://www.google.co.jp)

> **Memo**　target属性の値は「_blank」（新しいウィンドウに表示）以外に、「_self」（現在のフレームに表示）、「_parent」（親フレームに表示）、「_top」（フレームを解除してウィンドウ全体に表示）などがあります。フレームを採用していないページでは「_parent」「_top」どちらも「_self」と同じ結果になります。

Chapter 5

SECTION 06　ダウンロードのリンクを指定しよう

PDFファイル（文書）やZIPファイル（圧縮データ）、MP3ファイル（音声）などのファイルをリンク指定することができます。リンクをクリックすると、（使用しているブラウザやOSによって多少異なりますが）ダウンロードがスタートします。

HTML

```
<a href="ファイルの場所">ダウンロード</a>
```

　ハイパーリンクの指定は、データの**ダウンロードリンク**として機能させることも可能です。企業のサイトでは新製品のプレスリリースなどをPDFファイルで公開しており、製品ページにダウンロードのリンクを掲載しています。リンクをクリックすると、同じウィンドウにPDFの文書が表示されます。

　例えば、release.pdfという名前のPDFがページと同じ階層にある場合は、「<a href="release.pdf">〜</a>」のように記述します。ZIP圧縮したファイルなども同様の指定です。ZIPファイルの場所が指定されたリンクをクリックした場合は、自動的にダウンロードが開始されます。

参考

→ 1-01　HTMLとは
→ 5-02　他のページにリンクしてみよう
→ 5-03　外部のホームページにリンクしてみよう

■ ソースコード 05_06.html

```html
<h3>資料のダウンロード</h3>
<ul>
        <li>ZIP 圧縮されたファイルを <a href="05_06.zip">ダウンロード</a> する</li>
        <li>PDF ファイルを <a href="05_06.pdf">ダウンロード</a> する</li>
</ul>
```

■ ブラウザの表示

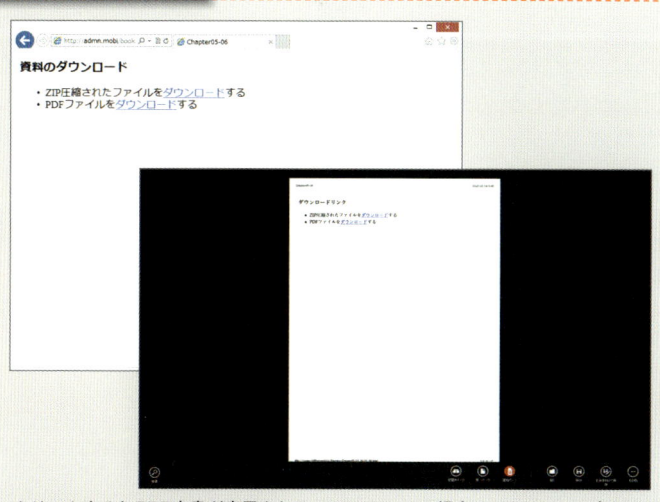

クリックするとPDF文書が表示される。Windows 8の場合は、デスクトップモードのIEでPDFファイルをダウンロードすると、スタート画面に切り替わり「Windows Reader」が起動する

> **Memo**
> ウェブページのリンクと、PDFファイルのリンクは、見た目では違いがわかりません。リンクをクリックして、いきなり大きなデータサイズのPDFファイルがダウンロードされると問題です。必ず、PDFのリンクであることを「報告書（PDF／8MB）」のように記載しておきましょう。

Chapter 5

SECTION 07　メーラーを起動させるリンクを指定しよう

ハイパーリンク機能でメールアドレスを指定すると、(記載されているメールアドレスをクリックするだけで)自動的にメーラーを起動させることができます。a要素のhref属性に「mailto:」とメールアドレスを直接指定するだけです。

HTML

```
<a href="mailto: メールアドレス ">ADC @ DEFG</a>
```

　大半のウェブサイトには問い合わせのページが用意されています。通常、メールアドレスが記載されていますが、ハイパーリンク機能を使えば、自動的にメーラーを起動する仕組みを利用することができます。
　例えば、ADC @ DEFGというメールアドレスでは、「<a href="mailto: ADC @ DEFG">ADC @ DEFG</a>」のように指定します。リンク指定されたメールアドレスをクリックすると、パソコンにインストールされているメーラー(Windows：Outlook Express、Mac OS：Mailなど)が自動的に起動し、新規メールの宛先欄にメールアドレスが自動的に入力されています。

📖 参考

- ➡ 1-01　HTMLとは
- ➡ 5-02　他のページにリンクしてみよう
- ➡ 5-03　外部のホームページにリンクしてみよう

■ ソースコード 05_07.html

```html
<h3>お問い合わせ</h3>
<p>メールでのお問い合わせは、以下の「よくあるご質問」をご確認した上
で、<a href="mailto:ADC @ DEFG">ADC @ DEFG</a> までお送りください。
</p>
```

[HTML]

■ ブラウザの表示

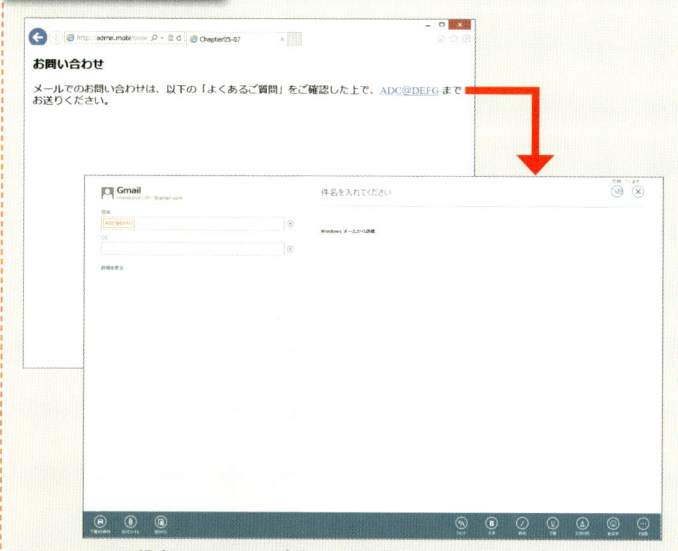

Windows 8の場合。デスクトップモードのInternet Explorerでメールリンクをクリックすると、スタート画面に切り替わり、メールアプリが起動する

> **Memo** メールアドレスを公開していると、自動収集されて、迷惑メールが大量に送信されてくる場合があります。自動収集を避けるために「@」を全角で記しているサイトがありますが、「mailto:」で指定するときは無効になってしまいますので注意しましょう。

Chapter 5

SECTION 08 画像をリンクのボタンにしてみよう

ウェブページにはさまざまなリンクが含まれていますが、ナビゲーションやメニューなどはテキストではなく画像で表現しているサイトが大半です。画像は img 要素で指定しますが、a 要素と組み合わせることで簡単に指定することができます。

```
<a href="リンク先のアドレス"><img src="画像ファイル
の場所" alt="代替テキスト"></a>
```

　ハイパーリンクの指定は、テキスト以外に画像も対象にすることができます。多くのサイトはナビゲーションやメニューなどに画像を使っており、見栄えを重視しています。

　テキストの場合は「<a href="リンク先のアドレス">テキスト</a>」ですが、画像を使いたいときは「<a href="リンク先のアドレス"><img src="画像ファイルの場所" alt="代替テキスト"></a>」のように記述します。

　画像をボタンのようなデザインにしておけば、利用者にとって使いやすいサイトになるでしょう。ボタンなのか、飾りなのか、一目で判断しにくいデザインは避けてください。

参考

- → 1-01 HTML とは
- → 5-02 他のページにリンクしてみよう
- → 5-03 外部のホームページにリンクしてみよう

ダウンロードのリンクボタンは、飾りではありません。ウェブページの**インターフェイス**という扱いになりますので、ユーザビリティ（使いやすさの度合い）を意識してデザインする必要があります。例えば、過度に小さなボタンや背景色と同化するような色合いのボタンはクリックしにくいため、使いづらいインターフェイスになってしまいます。

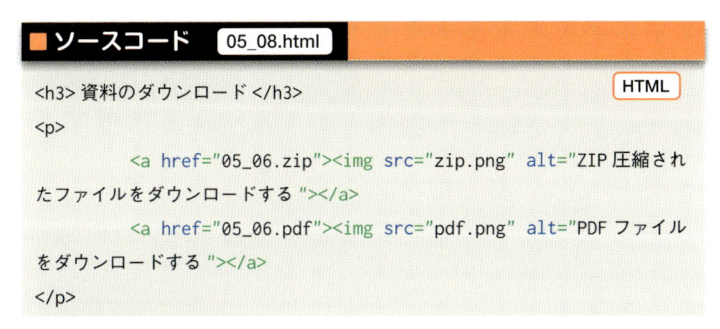

■ **ソースコード**　`05_08.html`

```html
<h3> 資料のダウンロード </h3>
<p>
        <a href="05_06.zip"><img src="zip.png" alt="ZIP 圧縮されたファイルをダウンロードする "></a>
        <a href="05_06.pdf"><img src="pdf.png" alt="PDF ファイルをダウンロードする "></a>
</p>
```

■ **ブラウザの表示**

> **Memo**　alt 属性には、何のボタンか理解できるような代替テキストを入力してください。「ボタン」だけではわかりませんので、「詳細ページにリンク」や「PDF ファイルのダウンロードリンク」など、具体的に記してください。

Chapter 5

SECTION 09 テキストリンクの色を変更しよう

テキストリンクは、デフォルトで青になっていますが（参照済みのテキストリンクは紫）、CSS の擬似クラスを使用すれば自由に変更することができます。テキストリンクの色は、:link 擬似クラスを使い「a:link { color: 色名 ; }」のように指定します。

CSS
```css
a:link { color: 色名 ; }
a:visited { color: 色名 ; }
a:hover { color: 色名 ; }
a:active { color: 色名 ; }
```

　ハイパーリンク指定されたテキストは、文字色が青になり、下線が付きます。クリックして参照先のページを表示してから、元のページに戻ると文字色が紫に変わりますので、リンクを大量に記載したページなどでは、参照済みのリンクがすぐ確認できるため便利です。

　リンクテキストのスタイルは、CSS の**擬似クラス**で指定することができます。リンクテキストの色は「:link」、参照済みのリンクテキストの色は「:visited」、マウスのカーソルをリンクに合わせたときの色は「:hover」、リンクをクリックした瞬間の色は「:active」で指定します。

参考

- ➡ 1-01　HTML とは
- ➡ 5-02　他のページにリンクしてみよう
- ➡ 5-03　外部のホームページにリンクしてみよう

■ ソースコード　05_09.html

```css
a:link {          ← テキストリンクの色
        color: black;
}
a:visited {       ← 参照済みのテキストリンクの色
        color: gray;
}
a:hover {         ← カーソルをテキストリンクに合わせたときの色
        color: blue;
}
a:active {        ← テキストリンクをクリックしたときの色
        color: red;
}
```

```html
<ul>
        <li><a href="http://www.google.co.jp/">Google</a></li>
        <li><a href="http://www.yahoo.co.jp/">Yahoo! JAPAN</a></li>
        <li><a href="http://www.bing.com/">Bing</a></li>
</ul>
```

■ ブラウザの表示

検索エンジン

- Google
- Yahoo! JAPAN
- Bing

検索エンジン

- Google
- Yahoo! JAPAN
- Bing

> **Memo**　テキストリンクの下線を消したい場合は、text-decoration プロパティを使います。「a { text-decoration: none; }」と指定した場合、テキストリンクの下線は表示されません。下線を消すと、リンクだということを見分けられなくなってしまう場合がありますので注意してください。

COLUMN

スマートフォンの画面サイズと解像度について

　スマートフォンの画面サイズは、3.2インチ（HT-03Aなど）から5.5インチ（Galaxy Note 2など）、タブレットは、7インチ（Nexus 7など）から10.1インチ（ARROWS Tab F-05Eなど）など、多種多様です。13.2インチというパソコンのディスプレイと変わらない大型のタブレット（REGZA Tablet AT830など）もあります。ディスプレイの広さは、端末のサイズに依存しますが、5インチでフルHD（1920×1080）、440ppiの高解像度をもつスマートフォン（HTC J butterflyなど）も登場し、画面の高精細化はかなり進んでいます。

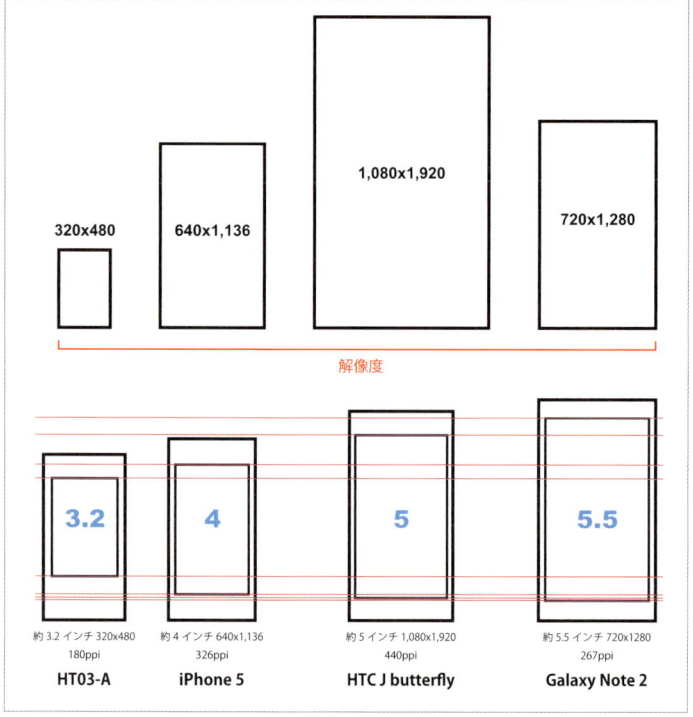

| | 320x480 | 640x1,136 | 1,080x1,920 | 720x1,280 |

解像度

| 3.2 | 4 | 5 | 5.5 |

| 約3.2インチ 320x480 180ppi | 約4インチ 640x1,136 326ppi | 約5インチ 1,080x1,920 440ppi | 約5.5インチ 720x1280 267ppi |
| HT03-A | iPhone 5 | HTC J butterfly | Galaxy Note 2 |

スマートフォンやタブレットの解像度は、機種によって異なり、まったく統一されていないため、たんに画面の大きさだけでスクリーンの視認性や可読性を判断することはできない

第6章
レイアウト

- **01** ウェブページで表現できるレイアウトの種類について
- **02** ページ内の複数の要素をグループ化しよう
- **03** 要素のグループに名前を付けよう
- **04** 余白を設定してみよう
- **05** ページ全体に枠線を付けてみよう
- **06** ページ全体を中央揃えにしよう
- **07** 見出しを中央揃えにしよう
- **08** 画像の周辺にテキストを流し込んでみよう
- **09** 画像とテキストの間隔を調整してみよう
- **10** テキストの流し込みを止めよう
- **11** テキストを2段組で表示してみよう
- **12** テキストを3段組で表示してみよう
- **13** CSS3でテキストを2段組で表示してみよう
- **14** CSS3でテキストを3段組で表示してみよう
- **15** テキストや画像をページ内で自由に配置してみよう
- **16** テキストを縦書きで表示してみよう

Chapter 6

SECTION 01 ウェブページで表現できるレイアウトの種類について

ウェブページには「リキッドレイアウト」と「固定レイアウト（フィクスドレイアウト）」があります。サイトによって、採用されるレイアウト手法はさまざまですが、どのような表現でもCSS（スタイルシート）を駆使して実現することになります。

CSSの知識と2種類のレイアウト

　オンラインマガジンや新聞社のウェブサイトなどを閲覧すると、印刷物に近い複雑なレイアウトでデザインされていることがわかります。高機能なワードプロセッサやDTPソフトであれば、ツールを使いながら直感的に作業できますが、ウェブデザインはそう簡単ではありません。記事のなかに写真や図表を置くだけでも、CSSの指定が必要です。

　例えば、「<p>記事の本文</p>」に画像を挿入すると、「<p><img src="画像の場所">記事の本文</p>」となりますが、画像のまわりにテキストを流し込むためには、画像に対して「img { float: left; }」といった指定が必要になります。自動的にウェブページを作成してくれる専門的なソフトウェアを使う場合でも、CSSの知識がないと、意図したレイアウトを表現することはできません。

　ウェブページのレイアウトは、リキッドレイアウトと固定レイアウト（フィクスドレイアウト）」に大別することができます。

　リキッドレイアウトは、ブラウザのウィンドウサイズに合わせて、レイアウトが変化します。「W3C」（http://www.w3.org/）のウェブサイトにアクセスしてみましょう。ウィンドウを広げると、コンテンツも広がっていきます。逆にウィンドウを狭めると、全体的に縮みます。このように、ウィンドウの大きさに対応して伸縮するのがリキッドレイアウトの特徴です。

　固定レイアウトは、印刷物と同じように数値で指定していくレイアウト方法です。幅をピクセル値などで固定しますので、レイアウトは崩れませ

んが、ウィンドウを広げると、コンテンツの右側もしくは左右に余白ができます。ウィンドウを狭めると、コンテンツの右側から隠れていきます。

紙媒体のページデザインとはレイアウトの組み立て方が異なりますので、CSS の基礎からしっかり理解しておかないと、なかなか思い通りの見栄えを実現することはできません。

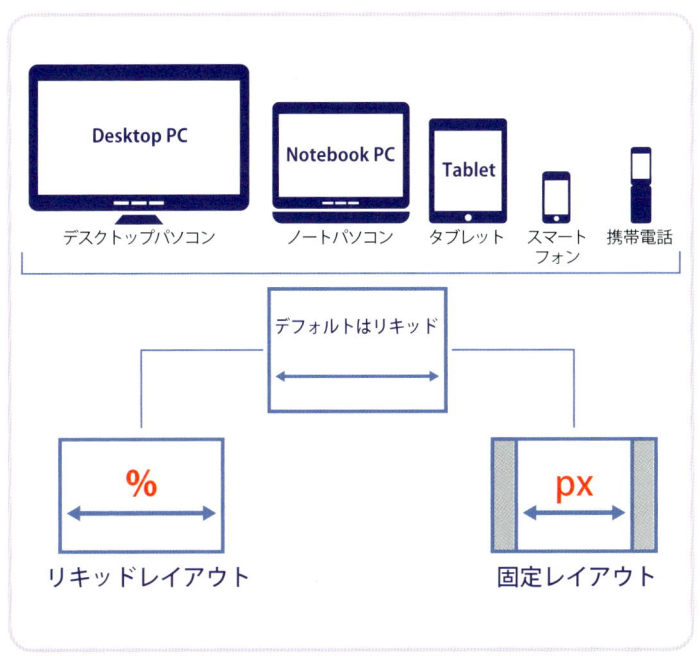

図6-1 ウェブページのレイアウトは、「リキッドレイアウト」と「固定レイアウト（フィクスドレイアウト）」に分けることができる

> **Memo** 2010 年頃からスマートデバイス（スマートフォンやタブレット）が急速に普及し始めており、固定レイアウトより、リキッドレイアウトをベースにした「レスポンシブ・デザイン」を採用するサイトが増えてきました。レスポンシブ・デザインのサイトを集めた「Media Queries（http://mediaqueri.es/）」というサイトを閲覧してみましょう。

Chapter 6

SECTION 02 ページ内の複数の要素をグループ化しよう

HTMLは文書の構造を機械（プログラム）に伝えるための技術ですが、CSSを使ってページの見栄えを整えるため、新たにタグを追加したい場合があります。このようなときは、div要素（<div>～</div>）を使うことができます。

```
<div> ～ </div>
```

　ウェブページの視覚表現は、CSSで指定しなければいけませんが、記述されているHTMLのタグだけでは意図したとおりの見栄えを実現できない場合があります。

　例えば、トップページのタイトルとキャッチコピーを矩形で囲みたいときは、新たに**タグを追加**しないと、CSSで指定することができません。このような場合は、**div要素**を使います。「<div><h1>タイトル</h1><h2>キャッチコピー</h2></div>」のように記述すれば、このdiv要素に対して、枠線を指定することができます。

　HTML5には、header や footer、nav、section、article、aside などの**セマンティックタグ**が用意されていますが、視覚表現だけを目的としてタグを追加する場合は、div要素を使ってください。

> **参考**
> ➡ 1-03　HTMLの書き方をマスターしよう
> ➡ 1-11　ウェブブラウザについて理解しておこう
> ➡ 6-01　ウェブページで表現できるレイアウトの種類について

■ ソースコード `06_02.html`

```html
<div>   ウェブページのヘッダ領域に div 要素を追加                              HTML
  <h1> ウェブの役割と特性について理解しよう </h1>
  <h2> ウェブで私たちの生活はどう変わったのか？ </h2>
  <p> インターネット・ウェブの（～以下省略）</p>
</div>
<div>   ウェブページのコンテンツ領域に div 要素を追加
  <h3> インターネットの検索機能を活用した情報収集 </h3>
  <p> インターネットは私たちの社会に浸透し、（～以下省略）</p>
  <p> 検索もインターネットの強力な機能です。（～以下省略）</p>
</div>
<div>   ウェブページのフッタ領域に div 要素を追加
  <p>Copyright c 2013 monkeyish studio</p>
</div>
```

■ ブラウザの表示

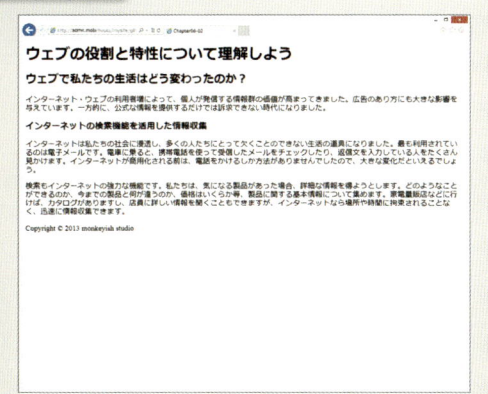

Memo 視覚表現（ページの見栄え）を目的としたタグの追加では、div 要素を使いますが、乱用は避けましょう。構造化のための HTML です。div 要素が大量に記述された HTML ファイルにならないように、効率よく使ってください。

Chapter 6

SECTION 03 要素のグループに名前を付けよう

ページの見栄えを詳細に指定したいときは、div 要素（<div> 〜 </div>）に、id 属性（<div id="id名">）と class 属性（<div class="class名">）を追加します。CSS では「#id名 { スタイルの指定 }」、「.class名 { スタイルの指定 }」のように指定します。

HTML

```
<div id="id名"> 〜 </div>
<div class="class名"> 〜 </div>
```

CSS

```
#id名 { スタイルの指定 }
.class名 { スタイルの指定 }
```

　ウェブページの「見た目のデザイン」を指定するために新たにタグを追加したい場合は、「6-02　ページ内の複数の要素をグループ化しよう」のように div 要素が利用できます。
　さらに特定の領域を識別するには、id 属性と class 属性を追加します。ページのタイトルのように、ページ内で 1 度しか登場しないものは id 属性、記事の見出しのように何度も使われるものは class 属性を使ってください。

参考

- → 1-03　HTML の書き方をマスターしよう
- → 6-01　ウェブページで表現できるレイアウトの種類について
- → 6-02　ページ内の複数の要素をグループ化しよう

例えば、タイトルとサブタイトル、リード文をひとまとまりにして囲み罫線などの装飾を加えたい場合は、「<div id="header"> 〜 </div>」のように記述して全体をくくります。CSS では、id 名は頭に「#」を付けて「#header { スタイルの指定 }」と記述します。class 名は頭に「.(ピリオド)」を付けます。

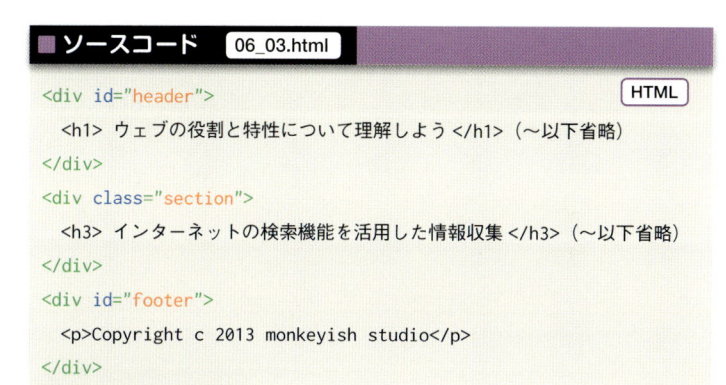

■ ソースコード　06_03.html

```html
<div id="header">
  <h1> ウェブの役割と特性について理解しよう </h1>（〜以下省略）
</div>
<div class="section">
  <h3> インターネットの検索機能を活用した情報収集 </h3>（〜以下省略）
</div>
<div id="footer">
  <p>Copyright c 2013 monkeyish studio</p>
</div>
```

■ ブラウザの表示

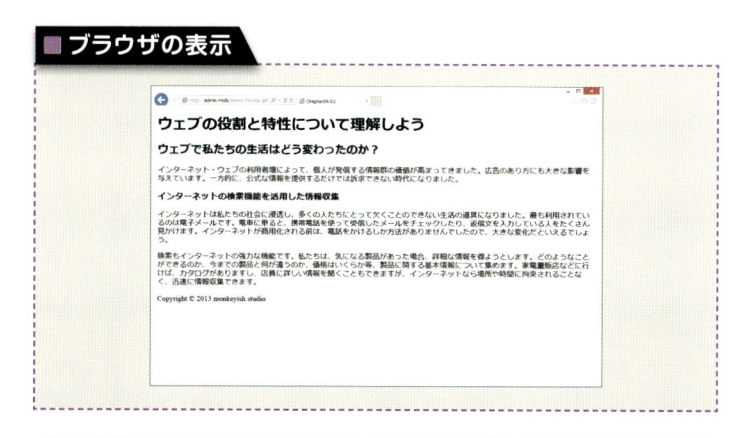

ウェブの役割と特性について理解しよう

ウェブで私たちの生活はどう変わったのか？

インターネット・ウェブの利用者増によって、個人が発信する情報群の価値が高まってきました。広告のあり方にも大きな影響を与えています。一方的に、公式な情報を提供するだけでは許されない時代になりました。

インターネットの検索機能を活用した情報収集

インターネットは私たちの社会に浸透し、多くの人たちにとって欠くことのできない生活の道具になりました。最も利用されているのが電子メールです。電車に乗ると、携帯電話を使って受信したメールをチェックしたり、返信を入力している人をたくさん見かけます。インターネットが活用される前は、電話をかけるしか方法がありませんでしたので、大きな変化だといえるでしょう。

検索機能もインターネットの強力な機能です。私たちは、気になる製品があった場合、詳細な情報を得ようとします。どのようなことができるのか、今までの製品と何が違うのか、価格はいくらか等、製品に関する基本情報について集めます。参考書籍などにはカタログがありました。店員に詳しい情報を聞くこともできますが、インターネットなら場所や時間に拘束されることなく、迅速に情報収集できます。

Copyright © 2013 monkeyish studio

> **Memo**　div 要素（<div> 〜 </div>）に付加する id 属性、class 属性には、わかりやすい名前を付けましょう。例えば、ページ内のコンテンツ領域全体をグループ化したいときは「<div id="wrapper"> 〜 </div>」のように、ラッパー（覆う、包む）といった id 名を付けておくと理解しやすくなります。

Chapter 6

SECTION 04 余白を設定してみよう

ウェブページの視覚表現で「余白」の指定はとても重要です。CSSでは、margin（マージン）プロパティ、padding（パディング）プロパティの2つの「余白」を理解する必要があります。また、値の書き方についても覚えておきましょう。

```css
セレクタ { padding: 内側の余白の値; }
セレクタ { margin: 外側の余白の値; }
```

CSS の**余白**の仕様は独特です。margin（マージン）、padding（パディング）、どちらも余白の指定で使われます。わかりやすく一言で説明すると**パディングは内側の余白、マージンは外側の余白**です。

CSS には**ボックスモデル**という概念があり、テキストや画像の周辺には、まずパディングの領域があって、次に枠線、その外側にマージンの領域がある、という構造になっているのです。テキストや画像に枠線を指定してから、マージンやパディングの値を変更すれば一目瞭然です。

サンプルでは、ページ全体（body 要素）に対して「padding:1em 3em;」と指定していますので、内側の余白が上下に 1em（1 文字分）、左右 3em（3 文字分）広がります。

参考

→ 6-01 ウェブページで表現できるレイアウトの種類について
→ 6-02 ページ内の複数の要素をグループ化しよう
→ 6-03 要素のグループに名前を付けよう

■ ソースコード 06_04.html

```css
body { padding:1em 3em; }
```
ページ全体に対して、内側の余白の指定（ページの上下の余白を1em、左右の余白を3em） [CSS]

```html
<body>
<div id="header">
        <h1> ウェブの役割と特性について理解しよう </h1>
                        (～以下省略)
        <p>Copyright c 2013 monkeyish studio</p>
</div>
</body>
```
[HTML]

■ ブラウザの表示

Memo
マージンとパディングの指定には複数の書き方があります。
「margin: 2em;」は上下左右の余白を 2em（2文字分）とります。
「margin: 2em 3em;」は、上下 2em、左右 3em の余白になります。
「margin: 24px 32px 12px 32px;」は、上の余白が 24 ピクセル、右が 32 ピクセル、下が 12 ピクセル、左が 32 ピクセルという指定になっています。

6 レイアウト

Chapter 6

SECTION 05 ページ全体に枠線を付けてみよう

見やすいウェブページをデザインするには、適切な余白、情報を分離するための罫線や囲みなどのアイテムが重要になってきます。ページ全体を枠線で囲むだけで、安定感を得られます。また、ページの視認性も向上する可能性があります。

CSS

```
セレクタ { border: 線の太さ 線の種類 線の色 ; }
```

枠線の指定は、余白（マージン、パディング）とセットで理解しておく必要がありますので、まず「6-04 余白を設定してみよう」を参照しておいてください。

CSSにはボックスモデルという概念があり、テキストや画像の周辺には、まずパディングの領域があって、次に枠線、その外側にマージンの領域があります。

枠線は、**border（ボーダー）プロパティ**を使います。枠線の詳細については、「4-08 画像に枠線を付けてみよう」を参照してください。

サンプルのように、「margin: 2em; padding:1em 3em; border: 1px solid #000;」と指定した場合、1ピクセルの枠線の内側が paddin の値、外側が margin の値になります。

> **参考**
>
> → 4-08 画像に枠線を付けてみよう
> → 6-03 要素のグループに名前を付けよう
> → 6-04 余白を設定してみよう

■ ソースコード `06_05.html`

```css
body { margin: 2em; padding:1em 3em; border: 1px solid #000; }
```

ページ全体に対して枠線を指定（上下左右の余白を 2em 空け、太さ 1 ピクセルの黒い実線を表示。さらに、枠線の内側の余白を上下 1em、左右 3em 空ける）

```html
<body>
<div id="header">
        <h1>ウェブの役割と特性について理解しよう</h1>
(〜以下省略)
        <p>Copyright c 2013 monkeyish studio</p>
</div>
</body>
```

■ ブラウザの表示

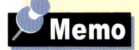

Memo

特定の領域に背景色を追加すると（例：p { background-color: #999; }）、着色されるのは、padding（パディング）の領域だけです。margin（マージン）の領域は透明になりますので、(body 要素に指定された) ページ全体の背景色が表示されます。ページ全体の背景色のデフォルトは「白」です。

Chapter 6

SECTION 06 ページ全体を中央揃えにしよう

パソコンのデスクトップで使用するブラウザは、ウィンドウのサイズを自由に変更することができます。ページ上のコンテンツはデフォルトで左寄せになりますが、左右の margin（マージン）に「auto」を指定すれば、中央揃えで表示されます。

CSS
```
セレクタ { margin: 上下の値 auto; }
セレクタ { margin-left: auto; margin-right: auto; }
```

「6-05　ページ全体に枠線を付けてみよう」のようにページ全体に枠線を指定した場合、幅の指定がなければリキッドレイアウト（「6-01　ウェブページで表現できるレイアウトの種類について」参照）になり、ブラウザのウィンドウサイズに合わせて、ページ全体の幅が伸縮します。width プロパティで「width: 640px」のように、幅を指定すると、ウィンドウを広げても幅は 640 ピクセルに固定されたレイアウトになります。

幅を固定すると、左寄せになりますが、左右のマージンに auto を指定すれば、中央揃えになります。「margin-left: auto; margin-right: auto;」のように記述します。

参考

→ 6-03　要素のグループに名前を付けよう
→ 6-04　余白を設定してみよう
→ 6-05　ページ全体に枠線を付けてみよう

■ ソースコード 06_06.html

```css
CSS
body { margin: 2em auto; padding:1em 3em; border: 1px solid #000;
width: 640px; }
```

> ページ全体に対して、上下の余白を 2em、左右に auto を指定して中央揃えに。太さ 1 ピクセルの黒い実線を表示し、枠線の内側の余白を上下 1em、左右 3em 空ける。さらに、コンテンツ領域全体の幅を 640 ピクセルに指定

```html
HTML
<body>
<div id="header">
        <h1>ウェブの役割と特性について理解しよう</h1>
                        (〜以下省略)
        <p>Copyright c 2013 monkeyish studio</p>
</div>
</body>
```

■ ブラウザの表示

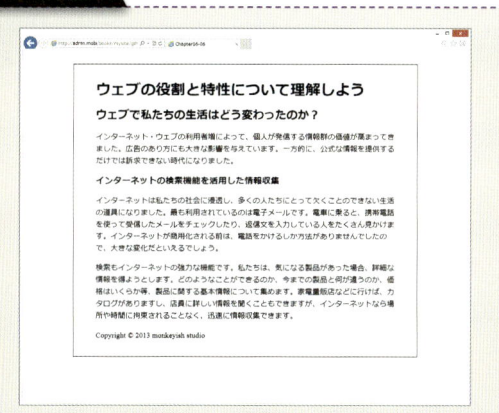

Memo: 要素の幅を「width: 640px」のように、width プロパティで指定した「固定レイアウト」の場合、ブラウザのウィンドウを広げると右側に空白ができます（中央揃えにすると左右に余白ができます）。ウィンドウを狭めていくと、ページの右側が隠れてしまいます。

Chapter 6

SECTION 07 見出しを中央揃えにしよう

見出し（h1～h6）は通常、左揃えで表示されます。これはブラウザのデフォルトCSSが適用されているからです。変更するには、text-alignプロパティを使います。中央揃えに変更したい場合は「text-align: center;」、右揃えなら「text-align: right;」です。

CSS

```
h1～h6 { text-align: center; }
```

　ウェブページ上の（幅が固定された）特定の領域を中央揃えにする場合は、左右のmarginプロパティの値をautoにします（「6-06　ページ全体を中央揃えにしよう」参照）。

　例えば「<div class="box">～</div>」というグループを中央揃えで表示したいなら、CSSで「.box { margin-left: auto; margin-right: auto; }」と指定すればよいわけです。

　見出しや本文などを中央揃えにしたいときは、**text-alignプロパティ**を使います。ページのタイトルを中央揃えにしたい場合は「h1 { text-align: center; }」と指定します。「text-align: right;」にすると右揃えになります。

参考

→ 6-03　要素のグループに名前を付けよう
→ 6-04　余白を設定してみよう
→ 6-06　ページ全体を中央揃えにしよう

■ ソースコード　06_07.html

> ページ全体に対して、上下左右の余白を 2em 指定。太さ 1 ピクセルの
> 黒い実線を表示し、枠線の内側の余白を上下 1em、左右 3em 空ける

`CSS`

```css
body { margin: 2em; padding:1em 3em; border: 1px solid #000; }
h1 { text-align:center; }
```
← 見出しレベル 1 に対して中央揃えを指定

`HTML`

```html
<body>
<div id="header">
        <h1> ウェブの役割と特性について理解しよう </h1>
(〜以下省略)
        <p>Copyright c 2013 monkeyish studio</p>
</div>
</body>
```

■ ブラウザの表示

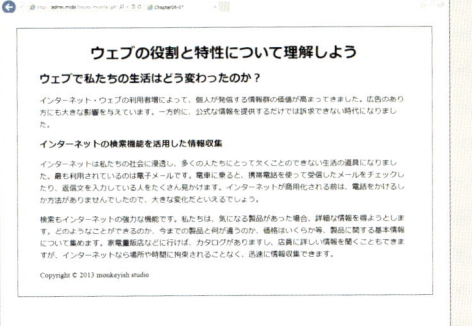

Memo　text-align プロパティで「justify」を指定すると、両端揃えになります。見出しではあまり使われませんが、本文を両端揃えにしたい場合は有効です。「p { text-align: justify; }」と記述します。text-align プロパティだけで表示できない IE 9 などには「text-justify: distribute;」も追加します。

Chapter 6

SECTION 08 画像の周辺にテキストを流し込んでみよう

ウェブページで雑誌のような複雑なレイアウトを表現するには、floatプロパティの使い方をマスターする必要があります。画像に対して「img { float: left; }」と指定するだけで、後続のテキスト（記事の本文など）が画像の右側に回り込みます。

CSS

```css
img { float: left; }
img { float: right; }
```

　ウェブページ上に配置する写真や図表、イラストなどの画像は、img要素で指定します（「4-02　画像を配置しよう」参照）が、印刷物のレイアウトのように、画像のまわりにテキストを流し込むには、**float（フロート）プロパティ**を使います。

　例えば「`<p><img src="photo.jpg" alt=""> 記事の本文 </p>`」のように本文の中に画像を挿入し、画像に対して「img { float: left; }」と指定した場合、画像の右側に記事の本文が回り込みます。「img { float: right; }」に変更すると、本文は画像の左側に回り込みます。

　画像と本文の間隔の詳細については、「6-09　画像とテキストの間隔を調整してみよう」を参照してください。

参考

- ➡ 4-02　画像を配置しよう
- ➡ 4-03　画像の情報（代替テキスト）を入力しておこう
- ➡ 6-06　ページ全体を中央揃えにしよう

■ソースコード `06_08.html`

```css
                               /* SECTION 07 を参照 */
body { margin: 2em; padding:1em 3em; border: 1px solid #000; }
h1 { text-align:center; }  /* SECTION 07 を参照 */
img { float: left; }  /* 画像に対してフロートを指定（左側に寄る）*/
```

```html
<div class="section">
    <h3>インターネットの検索機能を活用した情報収集</h3>
    <p><img src="photo.jpg" art="墓地でくつろぐ猫の写真">インターネットは私たちの社会に浸透し、多くの人たちにとって欠くことのできない生活の道具になりました。
    （～以下省略）
```

■ブラウザの表示

> **Memo**
> floatプロパティは、「回り込み」の機能ではありません。専門的には「浮動化」という処理を実行し、後続の要素（画像の下にある要素）をあいているスペースに流し込んでいます。擬似的に回り込みを実現していると考えてください。

Chapter 6

SECTION 09 画像とテキストの間隔を調整してみよう

画像の周辺にテキストを流し込む場合は、float（フロート）プロパティで指定しますが、画像とテキストの間隔は、padding（パディング）プロパティを使います。画像の右側に余白をつくりたいときは、padding-right プロパティで指定します。

CSS

```
img { padding-right: 右側の余白の値 ; padding-bottom : 下の余白の値 }
```

　画像とテキストの間隔は、前項の「6-08　画像の周辺にテキストを流し込んでみよう」とセットで理解してください。画像のまわりにテキストを流し込むには、flat プロパティを利用して、画像に対して「img { float: left; }」と指定すれば、画像の右側に記事の本文が回り込みます。ただし、このままでは画像とテキストの間に余白がありませんので、見づらくなってしまいます。

　間隔は、padding プロパティで指定します。「img { float: left; padding-right: 1em; padding-bottom: 1em; }」と指定した場合、画像の右側「padding-right」に 1em（1 文字分）、画像の下「padding-bottom」にも 1em の余白がつくられます。

参考

- ➡ 4-02　画像を配置しよう
- ➡ 6-04　余白を設定してみよう
- ➡ 6-08　画像の周辺にテキストを流し込んでみよう

■ ソースコード `06_09.html`

```css
                                        SECTION 07 を参照        CSS
body { margin: 2em; padding:1em 3em; border: 1px solid #000; }
h1 { text-align:center; }    SECTION 07 を参照
img { float: left; padding-right: 1em; padding-bottom: 1em; }
```

画像に対してフロートを指定（左側に寄る）。
画像の右側の余白に1em、下の余白に1emを指定

```html
<div class="section">                                            HTML
        <h3>インターネットの検索機能を活用した情報収集</h3>
        <p><img src="photo.jpg" art="墓地でくつろぐ猫の写真"> イ
ンターネットは私たちの社会に浸透し、多くの人たちにとって欠くことのでき
ない生活の道具になりました。
         （～以下省略）
```

■ ブラウザの表示

Memo 画像が右寄せで、テキストが左側に回り込んでいる場合（画像に対して「float: right」が指定されている場合）は、画像の左側の余白「padding-left」を指定することになります。また、画像の上に余白をつくりたいときは「padding-top」を使います。

Chapter 6

SECTION 10 テキストの流し込みを止めよう

画像に対して「img { float: left; }」と指定するだけで、後続のテキストが画像の右側に回り込みます。もし、途中の段落で回り込みをやめたい場合は「途中の段落に付けた class 名 { clear: left; }」と指定することでフロートの処理を解除することができます。

HTML
```
<p class="class名">回り込みを解除したい段落</p>
```

CSS
```
.class名 { clear: 値; }
```

　この項は「6-08　画像の周辺にテキストを流し込んでみよう」とセットで理解してください。画像の周辺にテキストを流し込む場合、float（フロート）プロパティで指定しますが、この処理は後続の要素（画像の下にある要素）に適用されています。途中の段落で回り込みを止めたい場合は、clear プロパティでフロートの処理を解除しなくてはいけません。

　サンプルでは「<p><img src="画像の場所">記事の最初の段落</p><p class="clear">記事の 2 番目の段落</p>」のような構造になっていますが、2 番目の段落に対して「.clear { clear: left; }」を指定すれば、回り込みが解除されます。値については、Memo を参照してください。

参考

- ➡ 4-02　画像を配置しよう
- ➡ 6-04　余白を設定してみよう
- ➡ 6-09　画像とテキストの間隔を調整してみよう

■ ソースコード `06_10.html`

```css
            SECTION 07 を参照
body { margin: 2em; padding:1em 3em; border: 1px solid #000; }
h1 { text-align:center; }       SECTION 07 を参照    SECTION 09 を参照
img { float: left; padding-right: 1em; padding-bottom: 1em; }
.clear { clear: left; }
```
`<p class="clear">` ~ `</p>` の領域に対してフロートの解除を指定

```html
<h1>ウェブの役割と特性について理解しよう</h1>
         （～以下省略）
<p><img src="photo.jpg" alt="墓地でくつろぐ猫の写真">インターネットは（～以下省略）</p>
<p class="clear">検索もインターネットの強力な機能です。私たちは、気になる製品があった場合（～以下省略）</p>
```

■ ブラウザの表示

> **Memo**
> 画像に対して「float: left」を指定した場合は、「clear: left;」で解除されます。「float: right」を指定した場合は、「clear: right;」です。また、「clear: both;」を指定すると、どちらの指定でも解除することができます。

Chapter 6

SECTION 11 テキストを2段組で表示してみよう

ウェブページで2段組みレイアウトを指定するには、floatプロパティを使います。「上の段落A」「下の段落B」をfloatプロパティで「上の段落Aを左寄せ」「下の段落Bを右寄せ」と指定します。また、どちらにもwidthプロパティで幅を指定する必要があります。

```html
<p class="A">記事の段落</p><p class="B">記事の段落</p>
```

```css
.A { float: left; width: 幅の値; }
.B { float: right; width: 幅の値; }
```

ウェブページで**2段組みレイアウト**を表現したい場合は、**floatプロパティ**をマスターしておく必要があります。floatについては「6-08 画像の周辺にテキストを流し込んでみよう」を参照してください。まず、2段組みの仕組みを理解しましょう。例えば、「<p class="A">記事の段落</p>」と「<p class="B">記事の段落</p>」が連続する文章のまとまりがあった場合、CSSで「.A { float: left; width: 50%; }」と「.B { float: right; width: 50%; }」を指定すると、最初の段落が左側、次の段落が右側に配置され、それぞれ50%の幅で並び、2段組みのように表示されます。

> **参考**
>
> → 6-08 画像の周辺にテキストを流し込んでみよう
> → 6-09 画像とテキストの間隔を調整してみよう
> → 6-10 テキストの流し込みを止めよう

■ ソースコード 06_11.html

SECTION 07 を参照

```css
body { margin: 2em; padding:1em 3em; border: 1px solid #000; }
.colleft { float: left; width: 49%; padding-right: 1%; }
.colright { float: right; width: 49%; padding-left: 1%; }
```

フロートを指定(右側に寄る)し、幅を 49%、左側の余白に 1%を指定
フロートを指定(左側に寄る)し、幅を 49%、右側の余白に 1%を指定

```html
<h3> インターネットの検索機能を活用した情報収集 </h3>
<p class="colleft"> インターネットは私たちの社会に(〜以下省略) </p>
<p class="colright"> 検索もインターネットの強力な機能です。私たちは、気になる製品があった場合、(〜以下省略) </p>
```

■ ブラウザの表示

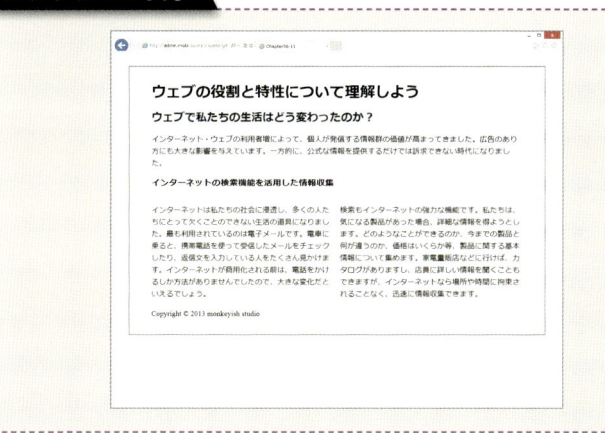

Memo 現在普及している CSS 2.1 には、段組みの機能はありません。つまり、float プロパティによる指定は、あくまで「擬似的に段組みを表現している」ことになります。段組みに見せるための1つのテクニックだということを理解しておきましょう。

Chapter 6

SECTION 12 テキストを3段組で表示してみよう

3段組みレイアウトは、2段組みレイアウトの応用になります。CSS 2.1（のfloatプロパティ）で段組みを表現する場合、段数が増えると指定が複雑になっていきます。2段組みの指定が基本になりますので、曖昧なところがないか再確認しておきましょう。

```
<p class="A">記事の段落</p><p class="B">記事の段落
</p><p class="C">記事の段落</p>
```

```
.A { float: left; width: 幅の値; }
.B { float: right; width: 幅の値; }
.C { margin-left: Aの幅の値; margin-right:
Bの幅の値; }
```

3段組みでは、**もう1つの新たな段落を中央に配置する**ことになります。「段落A」「段落B」「段落C」が連続する文章のまとまりがあった場合、段落Aを左寄せ、段落Bを右寄せ、段落Cを中央に挿入という構造になります。段落Cには、floatプロパティは使いません。**左右のマージン**（段落Aの幅と段落Bの幅の値）をそれぞれ指定すれば、中央に配置されます。

> **参考**
> - ➡ 6-8 画像の周辺にテキストを流し込んでみよう
> - ➡ 6-9 画像とテキストの間隔を調整してみよう
> - ➡ 6-11 テキストを2段組で表示してみよう

■ ソースコード 06_12.html

```css
.colleft { float: left; width: 32%; margin: 0; }
.colright { float: right; width: 32%; margin: 0; }
.colcenter { margin-left: 34%; margin-right: 34%; }
```
[CSS]

- `.colleft` … フロートを指定（左側に寄る）し、幅を32%、余白を0にする
- `.colright` … フロートを指定（右側に寄る）し、幅を32%、余白を0にする
- `.colcenter` … 左の余白を34%、右の余白を34%に指定

```html
<h3> インターネットの検索機能を活用した情報収集 </h3>
<p class="colleft"> インターネットは私たちの社会に（〜以下省略）</p>
<p class="colright"> 検索もインターネットの強力な機能です。（〜以下省略）迅速に情報収集できます。</p>
<p class="colcenter"> ネットから得られるのは、（〜以下省略）共有することが可能になりました。</p>
```
[HTML]

■ ブラウザの表示

> **Memo**　ここで解説した3段組みレイアウトの方法は一例です。サンプルを例にすると、3つの段落すべてに「float: left;」を指定して、水平に並べるというテクニックもあります。いずれにしても、CSS 2.1で表現するかぎり難解な作業になってしまいます。

Chapter 6

SECTION 13
CSS3でテキストを2段組で表示してみよう

※IE10とOpera12.1+以外はプレフィックスが必要

CSS 2.1には段組みレイアウトの機能はありませんでしたが、CSS3には「column-count」というプロパティが用意されています。段数を指定するだけの簡単な記述です。「p { column-count: 2; }」のように指定すれば2段組みで表示されます。

CSS

```
段組みにしたい要素 { column-count: 段数 ; }
```

　現在普及しているCSS 2.1で段組みレイアウトを表現するには、floatプロパティによる面倒なテクニックが必要でしたが、CSS3にはcolumn-countという段組みのためのプロパティが用意されています。2段組みであれば、「column-count: 2;」と指定するだけで簡単に表現できます。

　ただし、まだ新しいプロパティですから、IE10とOpera（12.1+）以外はプレフィックスという接頭辞を付ける必要があります。SafariとChromeは「-webkit-」を付けますので「-webkit-column-count: 2;」を追加します。Firefoxは「-moz-」をcolumn-countプロパティの頭に付けます。

参考

➡ 6-01　ウェブページで表現できるレイアウトの種類について
➡ 6-09　画像とテキストの間隔を調整してみよう
➡ 6-11　テキストを2段組で表示してみよう

■ソースコード 06_13.html

SECTION 07 を参照　　　　　　　　　　　　　　　　　　　　　　　CSS

```css
body { margin: 2em; padding:1em 3em; border: 1px solid #000; }
.multicol { -moz-column-count: 2; -webkit-column-count: 2;
column-count: 2; }
.firstline { margin-top: 0; }
```

`<div class="multicol">`〜`</div>`の領域に対して段組み（段数は2）を指定

段組みの1行目の余白を調整（上の余白を0に指定）

```html
<h3>インターネットの検索機能を活用した情報収集</h3>
<div class="multicol">
  <p class="firstline">インターネットは私たちの社会に浸透し、(〜以下省略) 大きな変化だといえるでしょう。</p>
  <p>検索もインターネットの強力な機能です。私たちは、気になる製品があった場合、(〜以下省略) 迅速に情報収集できます。</p>
</div>
```
HTML

■ブラウザの表示

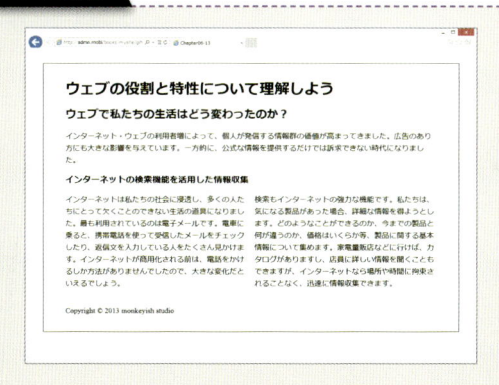

> **Memo**　プレフィックスなしで表示できるブラウザは IE10 と Opera 12.1 以上だけです（2013年3月現在）。プレフィックス付きのプロパティ（-moz-column-count: 2; -webkit-column-count: 2;）を記述した後に、CSS3のプロパティ「column-count: 2;」を記述してください。

Chapter 6

※IE10 と Opera12.1+ 以外はプレフィックスが必要

SECTION 14
CSS3でテキストを3段組で表示してみよう

CSS3 の「column-count」プロパティを使えば、段数を指定するだけで段組みレイアウトを表示できます。6 段組みレイアウトにしたいなら「column-count: 6; 」、10 段組みなら「column-count: 10; 」と記述するだけです。特別なテクニックは必要ありません。

CSS

```
段組みにしたい要素 { column-count: 段数 ; }
```

 CSS3 で段組みを表現する場合は、段組みのための **column-count プロパティ**で指定するだけですから、2 段組みでも 3 段組みでも変わりません。段数を指定するだけです。6 段組みレイアウトにしたいなら「p { column-count: 6; }」と記述すればよいのです。CSS 2.1（float プロパティを使ったテクニック）のように、段数が増えると作業の難易度が高くなっていくことはありません。

 ただし、IE10 と Opera（12.1+）以外はプレフィックスが必要です。前項の「6-13　CSS3でテキストを2段組で表示してみよう」を参照し、プレフィックスについてよく理解しておいてください。

参考

➡ 6-01　ウェブページで表現できるレイアウトの種類について
➡ 6-11　テキストを 2 段組で表示してみよう
➡ 6-13　CSS3 でテキストを 2 段組で表示してみよう

■ソースコード 06_14.html

SECTION 07 を参照 `CSS`

```css
body { margin: 2em; padding:1em 3em; border: 1px solid #000; }
.multicol { -moz-column-count: 3; -webkit-column-count: 3;
column-count: 3; }
.firstline { margin-top: 0; }
```

- `column-count: 3; }` ← `<div class="multicol">～</div>` の領域に対して段組み（段数は3）を指定
- `.firstline { margin-top: 0; }` ← 段組みの1行目の余白を調整（上の余白を0に指定）

```html
<h3> インターネットの検索機能を活用した情報収集 </h3>
<div class="multicol">
  <p class="firstline"> インターネットは（～以下省略）</p>
  <p> 検索もインターネットの強力な機能です。（～以下省略）</p>
  <p> ネットから得られるのは、（～以下省略）</p>
</div>
```
`HTML`

■ブラウザの表示

ウェブの役割と特性について理解しよう

ウェブで私たちの生活はどう変わったのか？

インターネット・ウェブの利用者増によって、個人が発信する情報群の価値が高まってきました。広告のあり方にも大きな影響を与えています。一方的に、公式な情報を提供するだけでは許されない時代になりました。

インターネットの検索機能を活用した情報収集

インターネットは私たちの社会に浸透し、多くの人たちにとってなくてはならない生活の道具になりました。最も利用されているのは電子メールです。電車に乗ると、携帯電話を使って受信したメールをチェックしたり、返信を書き入力している人を見ることが見かけます。インターネットが商用化される前は、電話をかけるしか方法がありませんでしたので、大きな変化だといえるでしょう。

検索もインターネットの強力な機能です。私たちは、気になる製品があった場合、詳細な情報を調べようとします。どのようなことができるのか、今までの製品と何が違うのか、価格はいくらか等、製品に関する基本情報について集めます、家電量販店などに行けば、カタログがありますし、店員に詳しい情報を聞くこともできますが、インターネットなら場所や時間に拘束されることなく、迅速に情報収集できます。

ネットから得られるのは、オフィシャルな情報だけではありません。その製品についての評判を調べることもできます。Googleであれば、製品名を入力してブログ検索を実行すること、購入者のレビュー記事を読むことができます。新製品であれば、Yahoo!のリアルタイム検索が有効です、投稿をリアルタイムに表示しますので、購入した人にしかわからない体験情報を容易に共有することが可能になりました。

Copyright © 2013 monkeyish studio

Memo: 段と段の間隔は「column-gap」プロパティで指定することができます（例：column-gap: 2em;）。また、「column-rule」プロパティで区切り線を表示することもできます。「column-rule: 線の太さ 線のスタイル 線の色 ;」（例：column-rule: 1px solid #999 ;）と指定します。

Chapter 6

SECTION 15 テキストや画像をページ内で自由に配置してみよう

ページ上のどこにでも自由に配置できる「position: absolute;」を絶対配置と呼びます。サンプルでは、最下部にあるコピーライトの1行をページの右上に移動させています。「top: 0; right: 32px;」は、最上部の右から32ピクセルの位置に表示する指定です。

CSS

```
配置したい要素 { position: absolute; }
```

　ウェブページのレイアウト手法には、float（フロート）とposition（ポジション）があります。floatプロパティについては「6-09　画像とテキストの間隔を調整してみよう」および「6-11　テキストを2段組で表示してみよう」を参照してください。

　positionプロパティで指定すると、通常のページ表示から切り離され、**別のレイヤー**として扱われますので、自由自在に配置できます。例えば「position: absolute; top: 12px; left: 24px;」と指定した場合、上から24ピクセル、左から24ピクセルの位置に表示することができます。

　ただし、前述したとおり別のレイヤーになりますので、レイアウトによってはページ上の要素と重なってしまうことがあります。

　なお、「position: absolute;」によるレイアウトを**絶対配置**と呼びます。

> **参考**
>
> ➡ 6-08　画像の周辺にテキストを流し込んでみよう
> ➡ 6-09　画像とテキストの間隔を調整してみよう
> ➡ 6-11　テキストを2段組で表示してみよう

■ ソースコード　06_15.html

```css
body { margin: 3.4em 2em 0; padding:1em 3em; border: 1px solid
#000; }
#footer { position: absolute; top: 0; right: 32px; }
```

- `#footer { position: absolute; top: 0; right: 32px; }` : 絶対配置を指定（上から0、右から32pxの位置に表示）
- `body { margin: 3.4em 2em 0; padding:1em 3em; border: 1px solid #000; }` : ページ全体に対して、上の余白を3.4em、左右の余白に2em、下の余白に0を指定。太さ1ピクセルの黒い実線を表示し、枠線の内側の余白を上下1em、左右3em空ける

```html
<h3>インターネットの検索機能を活用した情報収集</h3>
<p>インターネットは私たちの社会に浸透し、(〜以下省略)</p>
<p>検索もインターネットの強力な機能です。(〜以下省略)</p>
<div id="footer">
  <p>Copyright c 2013 monkeyish studio</p>
</div>
```

■ ブラウザの表示

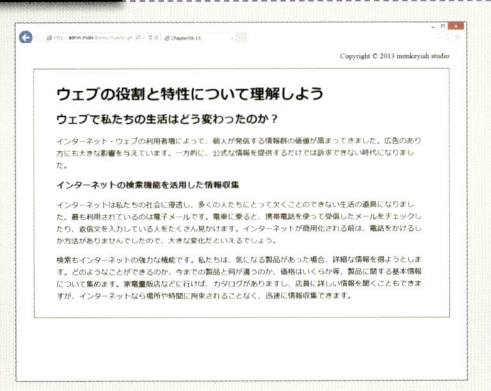

> **Memo**
> topプロパティとleftプロパティで指定すると、ページの「左上の角」が基点になって配置されます。サンプルのようにtopプロパティとrightプロパティだと「右上の角」が基点になります。また、bottomプロパティも使用できますので「bottom: 12px; right: 24px」のように指定することもできます（下から12ピクセル、左から24ピクセルに配置）。

Chapter 6

SECTION 16 テキストを縦書きで表示してみよう

iOS 5+ / Android
※プレフィックスが必要

日本語には「横書き」と「縦書き」があります。ウェブページは横書きが主で、ブラウザも横書きのページを読むインターフェイスになっていますが、CSS3には縦書きのプロパティが用意されています。現在は電子書籍などで活用されています。

CSS

```
html { writing-mode: vertical-rl; }
```

　ウェブページ上の日本語のテキストを縦書きで表示することができます。CSS3の **writing-mode** プロパティで **vertical-rl**（右から左方向に読む）を指定すると、縦書きのページになります。

　基本的にはページ全体に適用しますので、**html要素**に記述したほうがよいでしょう。記述する内容は、「html { writing-mode: vertical-rl; }」となります。

　とても簡単に指定できますが、今のところ（2013年3月現在）、SafariとChromeしか対応していません。また、プレフィックス（接頭辞）を付ける必要がありますので、「-webkit-writing-mode: vertical-rl;」を併記します。

参考

- ➡ 1-12 デフォルトのCSSについて理解しておこう
- ➡ 3-10 行と行の間隔を調整してみよう
- ➡ 6-01 ウェブページで表現できるレイアウトの種類について

■ ソースコード 06_16.html

```css
html { -webkit-writing-mode: vertical-rl; writing-mode: vertical-rl; }
body { margin: 2em; padding:1em 3em; border: 1px solid #000; }
```

- `html { -webkit-writing-mode: vertical-rl; writing-mode: vertical-rl; }` → html要素（ページ全体）に対して、書字方向（右から左方向）を指定
- `body { ... }` → SECTION 07を参照

```html
<html>
<body>
<h1> ウェブの役割と特性について理解しよう </h1> （～以下省略）
<p> インターネットは私たちの社会に浸透し、（～以下省略）</p>
</body>
</html>
```

■ ブラウザの表示

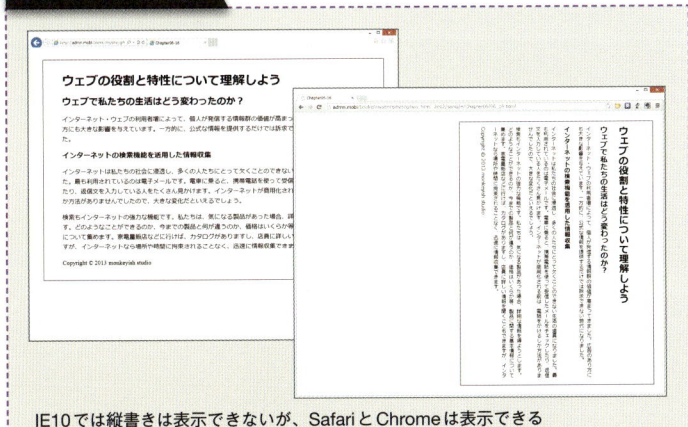

IE10では縦書きは表示できないが、SafariとChromeは表示できる

> **Memo**
> writing-mode プロパティは（2013年3月現在）、Safari と Chrome しか対応していませんが、IE 5.0 以降は独自プロパティで縦書きを表現できます。「writing-mode: lr-tb ;」と指定すれば、縦書きで表示されます。

COLUMN

レスポンシブ・ウェブデザインの専用ツール

　レスポンシブ・ウェブデザインは、1つのWebページを（スマートフォンからタブレット、デスクトップまで）さまざまな環境に適応させる開発アプローチのことですが、作業の手間がかかるため、誰でも簡単に採用できるものではありませんでした。

　しかし、2012年9月25日、Adobeは「Edge（アドビ エッジ）ツール＆サービス」を発表、同ツールに含まれる「Adobe Edge Reflow（アドビ エッジ リフロー）」によって、レスポンシブ・ウェブデザインの効率化を実現しました。

　レスポンシブデザインを採用したウェブページは、CSS3のメディアクエリという機能を使って、デバイスのスクリーンやブラウザウィンドウの幅を検出し、スタイルを振り分ける仕組みになっていますが、Edge Reflowを使えば、HTMLやCSSを記述せずにマウス操作だけでページをデザインすることが可能です。本格的なWebサイト制作ツールではありませんが、デザインカンプやプロトタイプ作りではとても便利なツールになっています。

ツールを使って、ボックスを描いたり、あらかじめ作成しておいた画像ファイルを読み込み、レイアウトを決めていく

HTMLやCSSの知識がなくてもレスポンシブデザインを採用したWebページのプロトタイプを作成することができる

第 7 章
表組み

- **01** 表の構造と指定方法について
- **02** 基本的な表組みを指定してみよう
- **03** セルの間隔を調整しよう
- **04** 表組みの枠線の太さを変更してみよう
- **05** 上下のセルを結合しよう
- **06** 左右のセルを結合しよう
- **07** 表組み全体の幅を指定しよう
- **08** セル内と枠線に色を設定してみよう

Chapter 7

SECTION 01 表の構造と指定方法について

ウェブページで「表（テーブル）」を表現したい場合は、HTMLのtable要素を使います。HTMLの表組みは、構造を決めるだけです。枠線の太さや色、表全体の幅や余白などの視覚表現はすべてCSSを使って指定しますので、正しく理解しておきましょう。

HTMLで構造化し、CSSで見栄えを整える

表組みは、HTMLのtable要素、tr要素、th要素、td要素で定義していきます。基本形は `<table> ～ /table>` です。

表組みの**行**は、**tr要素**を使って「<tr>1行目</tr><tr>2行目</tr><tr>3行目</tr>」のように記述します。項目の**見出し**は**th要素**、その他、すべての**項目**は**td要素**で記述していきます。項目が多くなると使用するタグの数も増えて混乱しやすくなりますので、表のスケッチなどを描いておきましょう。

HTMLの表組みは表の構造を示しますが、見栄えについては指定できません。表組みの枠線を太くしたり、背景色を変更したい場合は、**CSS**を使います。例えば、枠線の太さや色の変更なら、borderプロパティで指定することができます。

> **Memo** 項目の見出し（通常は1行目）と各項目を分けることで、表組みの構造がより明確になります。項目の見出しは「<thead> ～ </thead>」、各項目は「<tbody> ～ </tbody>」でグループ化していきます。サンプルのソースコードをよく確認してください。

■ソースコード　07_01.html

表組みの幅に560px、枠線の表示方法の指定、太さ3ピクセルの黒い実線を指定　　　`CSS`

```css
table { width:560px; border-collapse: collapse; border: 3px
solid #000; }
th, td { padding:0.8em 1.4em; text-align: center; }
th { background-color: #cdf; border-bottom: 2px solid #000; }
```

すべての行に対して余白と行揃え（中央揃え）を指定

1行目の見出しの行に対して背景色と下線（太さ2ピクセルの黒い実線）を指定

`HTML`

```html
<table border="1">   「border="1"」は表の境界線を表示する指定
  <thead>            表組みの見出しの行を指定
    <tr><th>OSの種類</th><th>開発元</th><th>代表的なデバイス</th></tr>
  </thead>
  <tbody>            表組みのデータ領域（項目全体）を指定
    <tr><td>iOS</td><td>Apple</td><td>iPhone 5</td></tr>
    <tr><td>Android</td><td>Google</td><td>Nexus 7</td></tr>
    <tr><td>Windows Phone</td><td>Microsoft</td><td>IS12T</td></tr>
  </tbody>
</table>
```

■ブラウザの表示

OSの種類	開発元	代表的なデバイス
iOS	Apple	iPhone 5
Android	Google	Nexus 7
Windows Phone	Microsoft	IS12T

Chapter 7

SECTION 02　基本的な表組みを指定してみよう

表組みを表現するには、table 要素、tr 要素、td 要素で基本的な形をつくり、thead 要素で項目名、tbody 要素で項目全体を定義します。これらの要素は、表組みで最低限、必要とされる基礎知識になりますので、しっかりと理解しておきましょう。

```html
<table>
<tr><th>項目名A</th><th>項目名B</th><th>項目名C</th></tr>
<tr><td>項目A</td><td>項目B</td><td>項目C</td></tr>
</table>
```

　表組みは、HTML の table 要素、tr 要素、td 要素で骨格を定義していきます。基本形は <table> ～ /table> です。
　表組みの「行」は、tr 要素 を使って「<tr>1 行目 </tr><tr>2 行目 </tr><tr>3 行目 </tr>」のように記述します。
　各項目は、td 要素 で「<td> 項目 A</td><td> 項目 B</td><td> 項目 C</td>」と記述していきます。
　表の最上部に表示される項目の見出しは、th 要素 を使い、「<th> 製品番号 </th><th> 製品名 </th><th> 価格 </th>」」のように記述してください。

参考

→ 1-03　HTML の書き方をマスターしよう
→ 1-11　ウェブブラウザについて理解しておこう
→ 7-01　表の構造と指定方法について

このままでは枠線なしの表組みですが、table 要素の border 属性を追加すると、表の境界線が表示されます。「<table border="1">」と記述しますが、値は 1 および空文字列しか指定できません。

■ ソースコード　07_02.html

```html
<table border="1">　←「border="1"」は表の境界線を表示する指定　[HTML]
  <tr><th>OSの種類</th><th>開発元</th><th>代表的なデバイス</th></tr>
  <tr><td>iOS</td><td>Apple</td><td>iPhone 5</td></tr>
  <tr><td>Android</td><td>Google</td><td>Nexus 7</td></tr>
  <tr><td>Windows Phone</td><td>Microsoft</td><td>IS12T</td></tr>
</table>
```

■ ブラウザの表示

OSの種類	開発元	代表的なデバイス
iOS	Apple	iPhone 5
Android	Google	Nexus 7
Windows Phone	Microsoft	IS12T

> **Memo**　table 要素の border 属性を追加した場合、表の境界線は、ブラウザのデフォルト CSS が適用されて表示されますが、太さなどを HTML で調整することはできません。CSS でスタイルを指定しますので、「7-04　表組みの枠線の太さを変更してみよう」を参照してください。

Chapter 7

SECTION 03 セルの間隔を調整しよう

HTMLで定義しただけの表組みはセル内の余白がなく、とても見づらいため、CSSを使って調整したほうがよいでしょう。見出しのth要素、各項目のtd要素に対して、それぞれ余白（paddingプロパティ）を指定すれば、間隔が広がり見やすくなります。

CSS

```
th, td { セル内の余白の指定 }
```

　表組みは、HTMLのtable要素（<table>〜/table>）で定義します。表組みの行はtr要素、各項目はtd要素（1行目の見出しはth要素）で記述していきますが、このままでは枠線のない表組みになりますので、border属性を追加します（<table border="1">）。

　HTMLでは、見た目のデザインを指定できませんので、余白の調整などはCSSを使います。表のマス目を**セル**と呼びます。ウェブブラウザのデフォルト表示では、セル内に余白がありません。余白をつくるには、th要素とtd要素に**スタイルを指定**しなくてはいけません。CSSで「th, td { padding: 値 ; }」のように記述すればブラウザ上で反映されます。

参考

→ 1-03 HTMLの書き方をマスターしよう
→ 7-01 表の構造と指定方法について
→ 7-02 基本的な表組みを指定してみよう

■ソースコード 07_03.html

```css
th, td { padding:0.8em 1.4em; }
```
すべての行に対して内側の余白（上下に 0.8em、左右に 1.4em）を指定

```html
<table border="1">
  <tr><th>OSの種類</th><th>開発元</th><th>代表的なデバイス</th></tr>
  <tr><td>iOS</td><td>Apple</td><td>iPhone 5</td></tr>
  <tr><td>Android</td><td>Google</td><td>Nexus 7</td></tr>
  <tr><td>Windows Phone</td><td>Microsoft</td><td>IS12T</td></tr>
</table>
```

■ブラウザの表示

OSの種類	開発元	代表的なデバイス
iOS	Apple	iPhone 5
Android	Google	Nexus 7
Windows Phone	Microsoft	IS12T

> **Memo** サンプルでは、セル内の余白を指定するために、th要素とtr要素に余白（paddingプロパティ）を指定しました。指定は個々に「th { padding: 値 ; }」「td { padding: 値 ; }」でも、まとめて「th, td { padding: 値 ; }」でもかまいません（「,」カンマで区切ります）。

Chapter 7

SECTION 04 表組みの枠線の太さを変更してみよう

表組みの枠線には、2種類の表示方法があります。デフォルトは、隣接するセルに間隔があり、二重線のように表示されます。1本の枠線にするにはborder-collapseプロパティで「collapse」を指定、枠線の太さは、borderプロパティで指定します。

CSS
```
border-collapse: 枠線の表示方法 ;
border: 太さ・線のスタイル・線の色 ;
```

　HTMLの表組み（<table>〜/table>）は、ウェブブラウザのデフォルト表示で二重線になっていますが、これは隣接するセルとセルの間隔が開いているからです。

　table要素に対して、border-collapseプロパティで「collapse」を指定すれば、間隔がなくなり枠線が1本になります。デフォルトでは、間隔をあける「separate」（border-collapse: separate）が適用されています。

　線の太さは、borderプロパティで指定します。「border: 太さ・線のスタイル・線の色 ;」をtable要素とth要素、td要素に対して指定することで、表全体の枠線に反映されます。太さはピクセル値、線のスタイルは「solid」（実線）を指定します。

参考

➡ 1-03　HTMLの書き方をマスターしよう
➡ 7-01　表の構造と指定方法について
➡ 7-02　基本的な表組みを指定してみよう

■ ソースコード `07_04.html`

CSS

表組みの枠線の表示方法を(1本線に)指定、太さ3ピクセルの黒い実線を指定

```css
table { border-collapse: collapse; border: 3px solid #000; }
th, td { padding:0.8em 1.4em; border: 3px solid #000; }
```

すべての行に対して内側の余白(上下に0.8em、左右に1.4em)を指定、太さ3ピクセルの黒い実線を指定

HTML

```html
<table border="1">
  <tr><th>OSの種類</th><th>開発元</th><th>代表的なデバイス</th></tr>
  <tr><td>iOS</td><td>Apple</td><td>iPhone 5</td></tr>
  <tr><td>Android</td><td>Google</td><td>Nexus 7</td></tr>
  <tr><td>Windows Phone</td><td>Microsoft</td><td>IS12T</td></tr>
</table>
```

■ ブラウザの表示

OSの種類	開発元	代表的なデバイス
iOS	Apple	iPhone 5
Android	Google	Nexus 7
Windows Phone	Microsoft	IS12T

> **Memo** borderプロパティで指定可能な「線のスタイル」には、solid(実線)以外に、dotted(点線)、dashed(破線)、double(二重線)、さらに立体的に表現できるスタイル(groove、ridge、inset、outset)などがあります。

Chapter 7

SECTION 05 上下のセルを結合しよう

基本的な表組みは格子状になっていますが、HTMLで隣接するセル同士を結合したいときはどうすればよいのでしょう。縦方向にセルを結合したい場合は、「rowspan属性」を使って、結合するセルの数を指定します（<td rowspan="2">）。

HTML

```
<td rowspan="2">項目</td>
```

表組みは「行」と「列」によって形成されています。「行」はtr要素（Table Row）、「行」の中の各項目はtr要素（Table Header）とtd要素（Table Data）で指定されます。

基本的な表組みは、セルが水平、垂直方向に並び、格子状になりますが、**隣接するセル同士を結合**したい場合があります。例えば、同じ名称の項目が続くときは、セルを1つにまとめて表現したほうが見やすいでしょう。

上下のセル同士を1つに結合したいときは **rowspan属性** を使って、上のセルに対して「<td rowspan="2">〜</td>」と記述します。数値を3（<td rowspan="3">）にすると、さらにもう1つ下のセルとも結合します。

参考

➡ 7-01 表の構造と指定方法について
➡ 7-02 基本的な表組みを指定してみよう
➡ 7-03 セルの間隔を調整しよう

■ ソースコード　07_05.html

```
table { border-collapse: collapse; border: 3px solid #000; }
th, td { padding:0.8em 1.4em; border: 3px solid #000; }
```
CSS / SECTION 04 を参照

```
<table border="1">
  <tr><th>1行1列目</th><th>1行2列目</th><th>1行3列目</th></tr>
  <tr><td rowspan="2">2行1列目</td><td>2行2列目</td><td>2行3列目</td></tr>
  <tr><td>3行2列目</td><td>3行3列目</td></tr>
</table>
```
HTML

`<td rowspan="2">2行1列目</td>` → 上下のセルを結合する指定

`<tr><td>3行2列目</td><td>3行3列目</td></tr>` → 項目を1つ減らす

■ ブラウザの表示

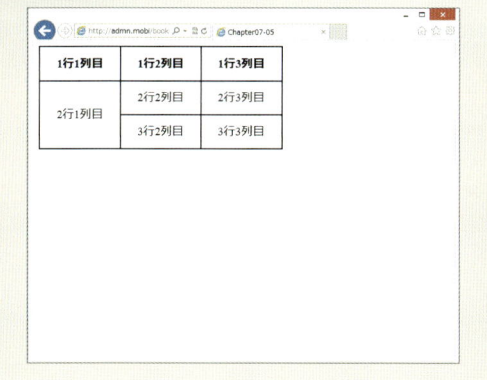

1行1列目	1行2列目	1行3列目
2行1列目	2行2列目	2行3列目
	3行2列目	3行3列目

> **Memo**　サンプルのソースコードは、2行目の左端のセルに対して「<td rowspan="2">2行1列目</td>」と指定していますので、3行目の左端のセルと結合しています。3行目はセルが1つ少ないことに注目してください。もし、セルを減らさなかった場合は、右側に余ったセルが飛び出してしまいます。

Chapter 7

SECTION 06 左右のセルを結合しよう

HTMLでは表組みの隣接するセル同士を結合することができます。縦方向にセルを結合したい場合は「rowspan属性」を使って結合するセルの数を指定しますが、横方向に結合するときは「colspan属性」で指定します（<td colspan="2">）。

HTML

```
<td colspan="2">項目</td>
```

上下のセル同士を1つに結合したいときは、rowspan属性を使って、上のセルに対して「<td rowspan="2">～</td>」と記述します（「7-05 上下のセルを結合しよう」参照）。

左右のセル同士を結合する場合は、colspan属性を使って、左のセルに対して「<td colspan="2">～</td>」と記述します。サンプルのソースコードを確認してみると、2行目の項目が1つ減っていることがわかると思います（<td colspan="2">2行1列目</td><td>2行2列目</td>）。もし、セルを減らさず3つの項目にしておくと、右側に余ったセルが飛び出てしまいます。

参考

➡ 7-01 表の構造と指定方法について
➡ 7-02 基本的な表組みを指定してみよう
➡ 7-03 セルの間隔を調整しよう

■ソースコード 07_06.html

```css
/* SECTION 04 を参照 */
table { border-collapse: collapse; border: 3px solid #000; }
th, td { padding:0.8em 1.4em; border: 3px solid #000; }
/* SECTION 04 を参照 */
```

```html
<table border="1">
  <tr><th>1行1列目</th><th>1行2列目</th><th>1行3列目</th></tr>
  <tr><td colspan="2">2行1列目</td><td>2行2列目</td></tr>
  <tr><td>3行1列目</td><td>3行2列目</td><td>3行3列目</td></tr>
</table>
```

<td colspan="2"> … 左右のセルを結合する指定
項目を1つ減らす

■ブラウザの表示

1行1列目	1行2列目	1行3列目
2行1列目		2行2列目
3行1列目	3行2列目	3行3列目

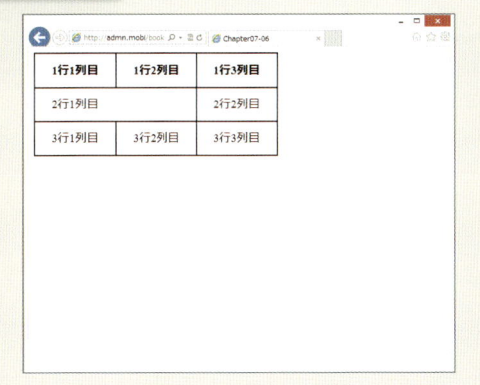

> **Memo** 表組みの記述はそれほど難しくはありませんが、セルの数が多かったり、セル同士の結合などが多数含まれる場合はソースコードも複雑になります。混乱を避けるために、頭の中だけで作業せず、(ラフでかまいませんので) 表全体のスケッチ描画をお奨めします。

Chapter 7

SECTION 07 表組み全体の幅を指定しよう

表組み全体の幅は、セル内の文字数（長さ）によって自動的に算出されます。幅を指定したい場合は、CSS の width プロパティを使って「table { width: 480px; }」のように指定します。この場合は表全体の幅が 480 ピクセルに固定されます。

CSS

```
table { width: 幅のサイズ ; }
```

　HTML の表組みは、セル内に表示されている文字数に合わせて幅のサイズを自動調整しています。セルの幅を指定する必要がないので、手間がかからない便利な機能だといってよいでしょう。

　table 要素に対して、width プロパティで「table { width: 幅のサイズ ; }」と指定すれば、表組み全体の幅を変更することができます。もし、セルの幅をすべて均等のサイズで表現したいときは、table-layout プロパティで「fixed」を指定します。例えば、「table { table-layout: fixed; width: 100%; }」のように記述すると、表全体の幅に合わせて、すべてのセルを均等に表示してくれます。

参考

- → 1-08 CSS の基本文法をマスターしよう
- → 7-01 表の構造と指定方法について
- → 7-02 基本的な表組みを指定してみよう

■ ソースコード　07_07.html

表組みの幅を 80%に指定、その他の指定は SECTION 04 を参照　　CSS

```
table { width:80%; border-collapse: collapse; border: 3px solid #000; }
th, td { padding:0.8em 1.4em; border: 3px solid #000; }
```
　　　　　　　　　　　　　　　　　　　　　　　SECTION 04 を参照

HTML

```
<table border="1">
  <tr><th>OSの種類</th><th>開発元</th><th>代表的なデバイス</th></tr>
  <tr><td>iOS</td><td>Apple</td><td>iPhone 5</td></tr>
  <tr><td>Android</td><td>Google</td><td>Nexus 7</td></tr>
  <tr><td>Windows Phone</td><td>Microsoft</td><td>IS12T</td></tr>
</table>
```

■ ブラウザの表示

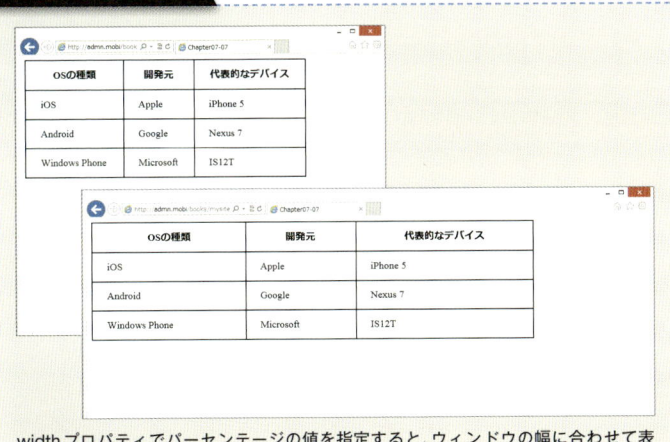

widthプロパティでパーセンテージの値を指定すると、ウィンドウの幅に合わせて表全体の幅も自動調整される

> **Memo**　width プロパティで表全体の幅、table-layout プロパティで「fixed」を指定すると、セルが均等に表示されますが、特定のセル（th 要素もしくは td 要素）に対して、width プロパティで幅のサイズを指定した場合は、それ以外のすべてセルが均等の幅で表示されます。

Chapter 7

SECTION 08 セル内と枠線に色を設定してみよう

表組みの枠線に色を付けたり、特定のセルの背景色を変更したい場合は、CSSで指定しなければいけません。borderプロパティ（線の指定）、background-colorプロパティ（背景色の指定）、colorプロパティ（文字色の指定）を使います。

```css
border: 太さ・線のスタイル・線の色 ;
background-color: 背景色 ;
color: 文字色 ;
```

HTMLの表組みは「表の構造」を示しますが、枠線やセルなどの見栄えについては指定できません。視覚表現はCSSの役割です（「1-06 CSSとは」参照）。

線の太さは、borderプロパティで「border: 太さ・線のスタイル・線の色 ;」のように指定します。table要素とth要素、td要素に対して指定することで、表全体の枠線に反映されます。

セル内の背景色と文字の色は、background-colorプロパティとcolorプロパティを使います。「th { background-color: #7a0; color: #fff; }」と記述した場合、見出しの行の背景が緑になり、文字は白で表示されます。

参考

➡ 1-08 CSSの基本文法をマスターしよう
➡ 7-01 表の構造と指定方法について
➡ 7-02 基本的な表組みを指定してみよう

■ソースコード　07_08.html

```css
/* 表組みの枠線の表示方法を（1本線に）指定、
   太さ3ピクセルの青い実線を指定 */
table { border-collapse: collapse; border: 3px solid #058; }
th, td { padding:0.8em 1.4em; border: 1px solid #058; }
th { background-color: #7a0; color: #fff; }
```

- 1行目の見出しの行に背景色（緑）と文字色（白）を指定
- すべての行に対して内側の余白（上下に0.8em、左右に1.4em）を指定、太さ1ピクセルの青い実線を指定

```html
<table border="1">
  <tr><th>OSの種類</th><th>開発元</th><th>代表的なデバイス</th></tr>
  <tr><td>iOS</td><td>Apple</td><td>iPhone 5</td></tr>
  <tr><td>Android</td><td>Google</td><td>Nexus 7</td></tr>
  <tr><td>Windows Phone</td><td>Microsoft</td><td>IS12T</td></tr>
</table>
```

■ブラウザの表示

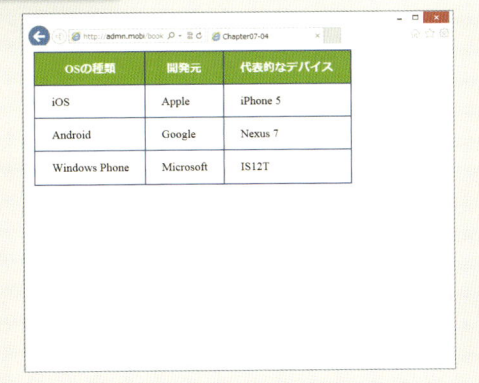

OSの種類	開発元	代表的なデバイス
iOS	Apple	iPhone 5
Android	Google	Nexus 7
Windows Phone	Microsoft	IS12T

Memo　サンプルのソースコードでは、table要素とth, td要素で枠線の太さが異なっています。table要素に対しては太さ3ピクセルの枠線、th, td要素は1ピクセルの枠線が指定されています。このように、線の太さに強弱を付けて見栄えを整えることができます。

COLUMN

項目数の多い表組みは専用ソフトを利用しよう

　HTMLのtable要素を使った表組みのマークアップは、それほど難しいものではありませんが、行数や列数が増えてくるとメンテナンス性が一気に低下してしまいます。記述するタグの数が多くなり、修正作業なども容易ではありません。

　情報量の多い表組みを作成する場合は、専用ソフトやユーティリティなどを利用したほうが格段に効率的です。例えば、ウェブ業界で最も使われているオーサリングソフト「Adobe Dreamweaver（ドリームウィーバー）」の表組み作成機能をみていきましょう。

　［テーブル］パネルには、行数や列数、テーブルの幅、ボーダー（表組みの枠線）、セル内余白、セル内間隔などの入力欄があり、数値を入力するだけで簡単に複雑な表組みのタグを記述してくれます。作成後は、プロパティパネルで数値を変更できますので、いつでも修正することが可能です。セルの分割や上下左右のセルの結合などもマウスだけで操作できます。

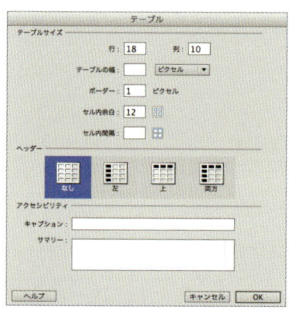

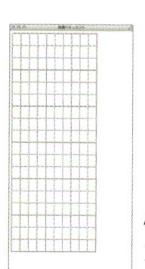

Adobe Dreamweaverのテーブル挿入機能を使用して、18行×10列の表組みを作成

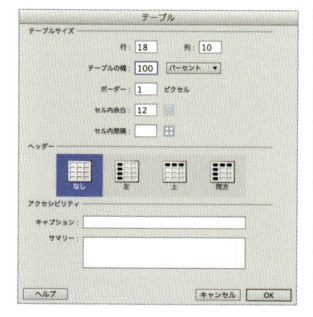

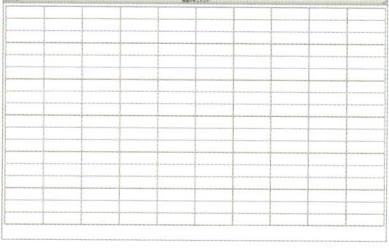

表組みの幅を100％に設定して、18行×10列の表組みを作成

第8章
フォーム

- 01 入力フォームの定義とフォーム部品について
- 02 1行のテキスト入力欄を指定してみよう
- 03 送信ボタンとリセットボタンを指定してみよう
- 04 汎用ボタンを指定してみよう
- 05 複数行のテキスト入力欄を指定してみよう
- 06 パスワード専用の入力欄を指定してみよう
- 07 複数のテキスト入力欄をグループにして見出しを付けよう
- 08 ラジオボタンとチェックボックスを指定してみよう
- 09 選択メニューを指定してみよう
- 10 送信ボタンを画像で表現しよう

Chapter 8

SECTION 01 入力フォームの定義とフォーム部品について

ウェブページのユーザー登録ページや問い合わせページなどに代表される双方向の仕組みがHTMLの「フォーム」です。フォームには、テキストの入力欄や送信ボタン、ラジオボタン、チェックボックス、選択メニューなどの部品があります。

CGIプログラムを利用してデータを処理する

　インターネットで公開されている企業サイトなどには、利用者からの情報を受け付ける機能が設置されています。質問や意見などを送るための問い合わせページやログインするためのID、パスワードの入力欄、サイト内の情報を効率よく検索するための選択メニューなど、さまざまなインターフェイスがあります。HTMLには、これらの機能を設置するためのフォームが備わっています。

　フォームには、テキスト入力やラジオボタン、チェックボックス、選択メニュー、送信ボタンなどの部品が用意されていますので、容易に指定することができます。

　この仕組みを実現するには、HTMLのform要素（<form>〜</form>）を使います。method属性でデータの送信方法（postもしくはget）を指定し、action属性でデータ処理の橋渡しをするCGIプログラムの場所を指定します。

　CGIプログラムは、PerlやCなどのプログラム言語でつくられています。一般的なフォームではpostを指定しますので「<form method="post" action="CGIプログラムの場所">〜</form>」と記述することになります。

■ソースコード　08_01.html

```html
<form action="xxx.cgi" method="post">
<fieldset>
  <legend> ユーザー登録 </legend>
  <p><label> ニックネーム：<input type="text" name="nickname"></label></p>
          (～以下省略)
  <p><input type="submit" value=" 送信する "><input type="reset" value=" リセットする "></p>
</fieldset>
</form>
```

- `<form action="xxx.cgi" method="post">` → データの送信方法、CGI プログラムの場所を指定
- `<fieldset>` → フォーム項目のグループ化
- `<legend> ユーザー登録 </legend>` → グループの見出しを指定
- `<p><label> ニックネーム：<input type="text" name="nickname"></label></p>` → 1 行のテキスト入力欄を指定
- 送信およびリセットボタンの指定

■ブラウザの表示

ユーザー登録

ニックネーム：YoujiSakai

パスワード：●●●●●●●

性別：
● 男性　○ 女性

ご使用のパソコンOS：
Mac OS

[送信する] [リセットする]

Memo　CGI プログラムの CGI は「Common Gateway Interface」の略称です。ウェブサーバーと外部のプログラムをつなぐルールを提供します。CGI プログラムは、Perl などの言語でプログラミングできますが、メールフォームなどの基本的なライブラリは、多くのプロバイダ（CGI を禁止しているプロバイダ以外）で提供されています。

Chapter 8

SECTION 02　1行のテキスト入力欄を指定してみよう

1行のテキスト入力欄は、ユーザーの名前やニックネームなどを入力してもらうためのベーシックなフォーム部品です。input 要素の type 属性で「text」と指定することで（<input type="text">）、ウェブページに入力欄を表示することができます。

HTML

```
<input type="text">
```

　ウェブページに1行のテキスト入力欄を表示するには、input 要素の type 属性で text を入力します。すると、改行のない文字列（つまり1行のテキスト）が入力可能な入力欄になります。「<input type="text">」と記述します。type 属性を省いた場合、デフォルトの「text」が適用されますので、同じ結果になります。

　このタイプのフォームは、ユーザーの名前などを入力してもらうときに、よく使われます。デフォルトの見栄えは、ウェブブラウザによって異なりますが、入力欄の幅は、size 属性を使って文字の数を指定することで、調整ができます（<input type="text" size="26">）。

　ウェブページの閲覧環境はデスクトップ（パソコン）だけではありません。スマートフォンも意識してデザインする必要があります。

参考

- → 1-03　HTML の書き方をマスターしよう
- → 1-11　ウェブブラウザについて理解しておこう
- → 8-01　入力フォームの定義とフォーム部品について

■ソースコード　08_02.html

```html
<form action="xxx.cgi" method="post">
  <p><label>ニックネーム：<input type="text" name="nickname"></label></p>
  <p><input type="submit" value="送信"></p>
</form>
```

> 1行のテキスト入力欄の指定、およびname属性（データを区別するため、任意の名前を付ける）の指定

■ブラウザの表示

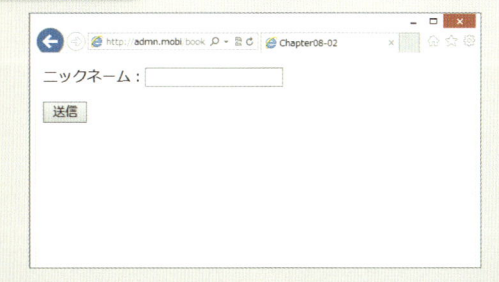

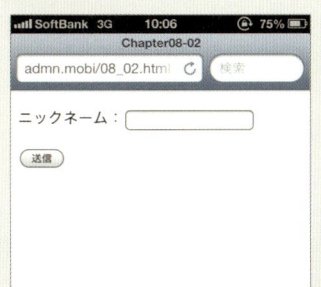

iPhone 4で表示したフォームページ。入力欄をタップするとズームする

Memo　サンプルのソースコードに記述されている「name="nickname"」は、フォームを識別するために付けた名前です。name属性で指定します。サンプルは、ニックネームを入力するフォームになっていますので「nickname」という名前を付けています。

Chapter 8

SECTION 03 送信ボタンとリセットボタンを指定してみよう

フォームに入力した内容を送信するためのボタンは、input 要素の type 属性で「submit」を指定すれば表示できます。また、入力内容をリセット（削除）するためのボタンは、type 属性で「reset」を指定、ボタンのラベルは value 属性で指定します。

```html
<input type="submit" value="送信する">
<input type="reset" value="リセットする">
```

ウェブページにテキスト入力欄などを設置した場合、入力した内容を送信するためのボタンを用意しなければいけません。送信ボタンは、input 要素の type 属性で submit を指定します。また、value 属性に文字列（ボタンに表示されるテキスト）を記述してボタンのラベルを表示します。「<input type="submit" value="送信する">」のように記述することができます。入力した内容をリセットするためのボタンもあります。type 属性で reset を指定し、value 属性でボタンのラベルを記述します。リセットボタンをクリックするとフォームに入力した内容が削除されます。

なお、HTML で指定した送信ボタンやリセットボタンは、OS によって見栄えが異なります。ボタンの形、陰影、テキストの大きさなど、環境によって差異があることを理解しておきましょう。

> **参考**
>
> ➡ 1-03 HTML の書き方をマスターしよう
> ➡ 8-01 入力フォームの定義とフォーム部品について
> ➡ 8-02 1 行のテキスト入力欄を指定してみよう

■ ソースコード 08_03.html

```html
<form action="xxx.cgi" method="post">
  <p><label>ニックネーム：<input type="text" name="nickname"></label></p>
  <p><input type="submit" value="送信する"><input type="reset" value="リセットする"></p>
</form>
```

「送信」ボタンの指定 / 「リセット」ボタンの指定

■ ブラウザの表示

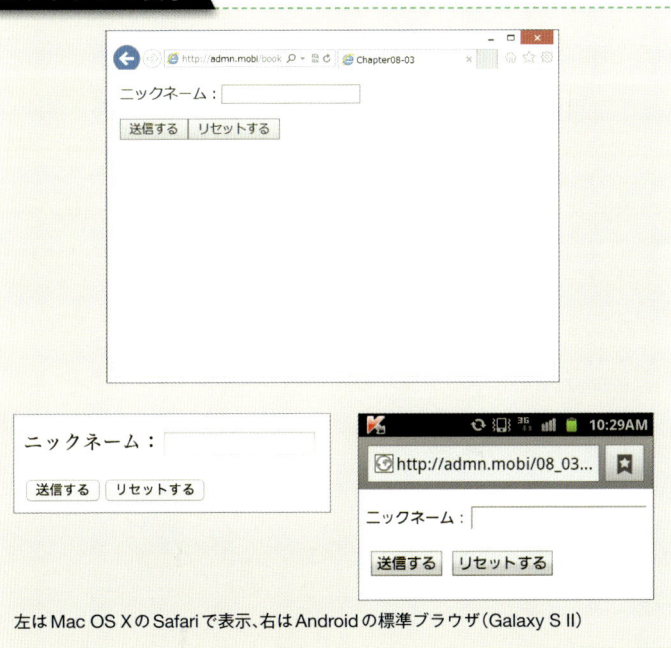

左はMac OS XのSafariで表示、右はAndroidの標準ブラウザ（Galaxy S II）

> **Memo** 送信ボタンのラベル（ボタンに表示されるテキスト）は、value属性で指定しますが、省略した場合は、たんに「送信」と表示されます。リセットボタンも、value属性を省略すると「リセット」とボタンに表示されます。

Chapter 8

SECTION 04 汎用ボタンを指定してみよう

フォームの「送信ボタン」と「リセットボタン」はそれぞれ、実行される処理が決まっていますが、button 要素を使用すれば、スクリプトを追加することで独自の機能を持ったボタン（汎用ボタンと呼びます）をウェブページに設置することができます。

HTML

```
<button type="button">ボタンに表示する文字列</button>
```

フォームに入力された内容を送信したり、リセットするためのボタンは、input 要素の type 属性に「submit」や「reset」を指定することで簡単に設置することができますが、汎用的に利用できるボタンもあります。button 要素です。「<button type="submit">送信します</button>」といった記述になります。

type 属性で submit（送信ボタン）、reset（リセットボタン）、button（汎用ボタン）を指定できます。<button type="button"> のように記述すると、汎用ボタンになります。クリックしても何も起こりませんが、JavaScript を記述することで独自のボタンとして機能するようになります。汎用ボタンの設置にはスクリプトの知識が必要です。

参考

- ➡ 1-03　HTML の書き方をマスターしよう
- ➡ 8-01　入力フォームの定義とフォーム部品について
- ➡ 8-03　送信ボタンとリセットボタンを指定してみよう

■ソースコード　08_04.html

```html
<form action="xxx.cgi" method="post">
  <p><label>ニックネーム：<input type="text" name="nickname"></label></p>
  <p><button type=button onclick="alert('ニックネームに使用できる文字数は最大で12文字です')">ニックネームの文字数について</button></p>
  <p><button type="submit">送信します</button><button type="reset">リセットします</button></p>
</form>
```

- `onclick="alert(...)"` → アラートが表示される（Memoを参照）
- `<button type="submit">` → 送信機能をもたせた汎用ボタンの指定
- `<button type="reset">` → リセット機能をもたせた汎用ボタンの指定

■ブラウザの表示

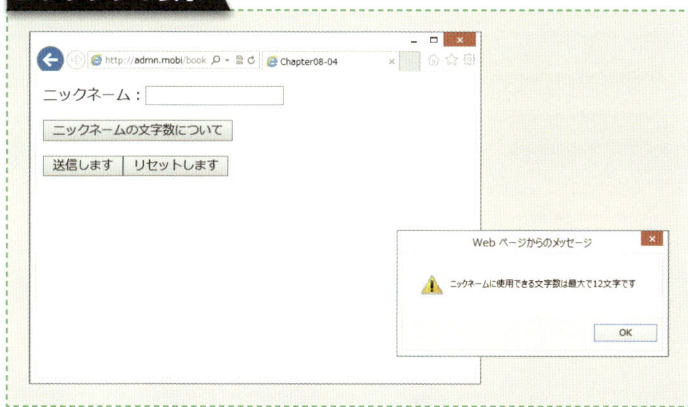

ニックネーム：[　　　　　]

[ニックネームの文字数について]

[送信します][リセットします]

Webページからのメッセージ
⚠ ニックネームに使用できる文字数は最大で12文字です
[OK]

Memo　サンプルのbutton要素の部分が「汎用ボタン」を表示する記述です。JavaScriptで「onclick="alert('ニックネームに使用できる文字数は最大で12文字です')"」を追加していますので、ボタンをクリックするとアラートが表示される仕組みになっています。

Chapter 8

SECTION 05 複数行のテキスト入力欄を指定してみよう

ウェブサイトについての感想や意見などを聞きたい場合は、複数行のテキスト入力欄を設置しておくとよいでしょう。textarea 要素を使って指定することができます。1 行の文字数や行数などを指定して、入力欄の大きさを決めることも可能です。

```
<textarea name="名前" cols="文字数" rows="行数">
</textarea>
```

1 行の入力欄は、ユーザーの名前などを入力してもらう場合に有効ですが、感想や意見など複数行のテキストを入力可能にするためには、**textarea 要素**を使います。「<textarea name=" 名前 " cols=" 文字数 " rows=" 行数 "></textarea>」のように記述します。

1 行の入力欄は、文字数で幅のサイズを指定できましたが、複数行のテキスト入力欄では、**文字数（cols 属性）**と**行数（rows 属性）**を指定します。

どちらも省略した場合は、1 行に入力できる最大文字数が **20 文字 × 2 行**となります。これは入力欄の大きさの指定です。入力できる文字数を指定するときは「maxlength=" 入力できる最大文字数 "」を追加します。

参考

→ 1-03　HTML の書き方をマスターしよう
→ 8-01　入力フォームの定義とフォーム部品について
→ 8-02　1 行のテキスト入力欄を指定してみよう

■ソースコード　08_05.html

```html
<form action="xxx.cgi" method="post">
  <p><label>ウェブサイトについてのご意見・ご感想などを送ってください</label><p>
  <p><textarea name="message" cols="60" rows="6"></textarea></p>
  <p><input type="submit" value="送信する"><input type="reset" value="リセットする"></p>
</form>
```

複数行のテキスト入力欄の指定、および文字数（60字）と行数（6行）の指定

■ブラウザの表示

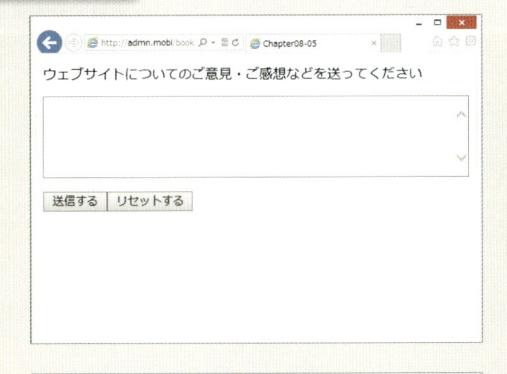

プレースホルダ(placeholder)を指定した複数のテキスト入力欄ページ。詳細は、Memoの解説を参照

> **Memo**　テキスト入力欄の中にあらかじめ文章を表示しておくことができます。「<textarea placeholder="ウェブサイトについてのご意見・ご感想などを書いてください"></textarea>」のように指定できます。大半のウェブブラウザは、グレーの文字で表示し、ユーザーが文字を入力し始めると消えます。

Chapter 8

SECTION 06 パスワード専用の入力欄を指定してみよう

パスワード専用の入力欄をウェブページに設置したい場合は、<input type="password"> のように、input要素のtype属性で「password」を指定するだけです。入力したパスワードは黒丸で表示されます。入力必須にすることも可能です。

HTML

```
<input type="password">
```

パスワード専用の入力欄を設置するには、input要素のtype属性で **password** を指定します（<input type="password">）。この指定で表示された入力欄は、パスワード専用になりますので、入力したパスワードは「●」（黒丸）で表示されます。ただし、**暗号化されたわけではありません**ので注意してください。

また、入力を必須にしたい場合は **required** を追加します。この追加により、空欄のまま送信すると、Firefoxの場合は「このフィールドは入力必須です。」、Google Chromeは「このフィールドを入力してください。」などとポップアップが表示されます。入力欄の幅は、size属性で「size="20"」のように指定できます。

参考

- ➡ 8-01 入力フォームの定義とフォーム部品について
- ➡ 8-02 1行のテキスト入力欄を指定してみよう
- ➡ 8-05 複数行のテキスト入力欄を指定してみよう

■ ソースコード `08_06.html`

```html
<form action="xxx.cgi" method="post">
  <p><label> パスワード：<input type="password" required name="password"></label></p>
  <p><input type="submit" value=" 送信する "><input type="reset" value=" リセットする "></p>
</form>
```

HTML

パスワード専用入力欄の指定、入力必須（required）の指定、および name 属性（データを区別するため、任意の名前を付ける）の指定

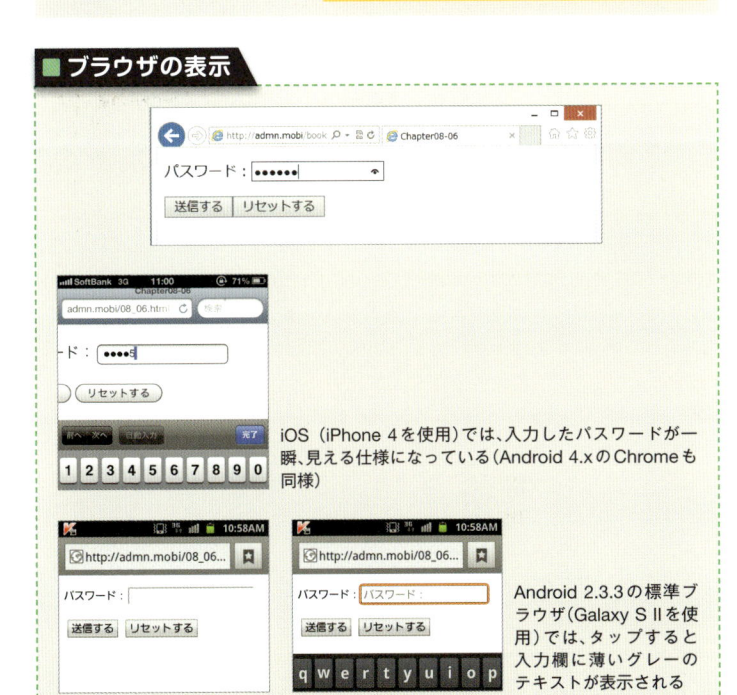

■ ブラウザの表示

iOS（iPhone 4を使用）では、入力したパスワードが一瞬、見える仕様になっている（Android 4.xのChromeも同様）

Android 2.3.3の標準ブラウザ（Galaxy S IIを使用）では、タップすると入力欄に薄いグレーのテキストが表示される

> **Memo**　安全性を高めるための機能として、暗号鍵（公開鍵と秘密鍵の２つ）を生成する keygen 要素があります。「<keygen name="key">」のように指定します。送信ボタンをクリックすると、公開鍵が送信され、秘密鍵はパソコン側に保存される仕組みになっています。公開鍵暗号方式の知識が必要です。

Chapter 8

SECTION 07 複数のテキスト入力欄をグループにして見出しを付けよう

ウェブページに設置された複数の入力欄（名前やメールアドレス、住所、パスワードなど）をまとめることができます。fieldset 要素（<fieldset> ～ </fieldset>）を使うことで、グループ化され、フォーム以外の情報と視覚的に分離することが可能になります。

HTML

```
<fieldset><legend> グループの見出し </legend> ～ </fieldset>
```

ユーザー登録のページなどは、複数の入力欄（名前やメールアドレス、住所、パスワードなど）が設置されますので、他の情報と分離できるように**グループ化**してまとめることができます。

グループ化は、**fieldset 要素**を使います（<fieldset> ～ </fieldset>）。グループの見出しを指定する場合は、fieldset 要素内に **legend 要素**を記述します。ユーザー登録のページであれば、「<fieldset><legend> ユーザー登録フォーム </legend> ～ </fieldset>」のように記述することができます。

大半のウェブブラウザは、グループ全体を矩形で囲み、左上にグループの見出しを表示します。

参考

- ➡ 8-01 入力フォームの定義とフォーム部品について
- ➡ 8-02 1 行のテキスト入力欄を指定してみよう
- ➡ 8-05 複数行のテキスト入力欄を指定してみよう

■ソースコード　08_07.html

```html
<form action="xxx.cgi" method="post">
<fieldset>
  <legend>ユーザー登録</legend>
  <p><label>ニックネーム：<input type="text" name="nickname"></label></p>
  <p><label>パスワード：</label><input type="password" required name="password"></p>
  <p><input type="submit" value="送信する"><input type="reset" value="リセットする"></p>
</fieldset>
</form>
```

■ブラウザの表示

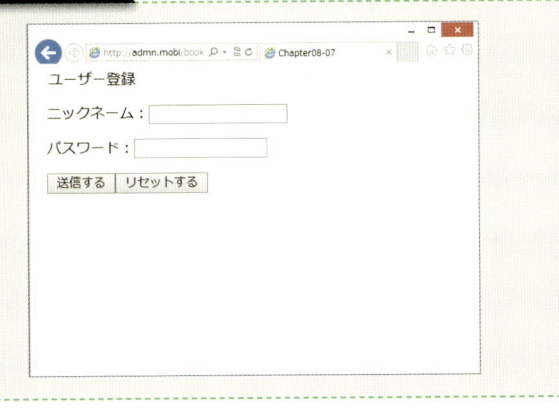

> **Memo**　fieldset要素でグループ化すると、全体が枠線で囲まれます。見栄えはウェブブラウザに依存しますが、CSSで変更することができます。例えば、「fieldset { border: 2px solid #f00; }」のように指定すると、枠線の太さが2ピクセル、色が赤に変わります。

Chapter 8

SECTION 08 ラジオボタンとチェックボックスを指定してみよう

フォームには、クリックして項目を選択するための部品が用意されています。通常、どれか1つを選ぶときは「ラジオボタン」、複数の項目を選択する場合は「チェックボックス」が使われます。type属性で「radio」もしくは「checkbox」を指定します。

```html
<input type="radio" value=" 値 ">
<input type="checkbox" value=" 値 ">
```

フォームページには、テキストや数値の入力欄だけではなく、**複数の項目を選択**させる仕組みがあります。例えば、性別などはわざわざテキストを入力してもらう必要がありませんので、男性、女性の項目を表示し、クリックで選択したほうが効率的です。

どれか1つを選ぶときは**ラジオボタン**、複数選択を可能にする場合は**チェックボックス**を使います。ラジオボタンは、input要素のtype属性で**radio**を指定して、**value属性**で送信する値を入力します。チェックボックスは、type属性で**checkbox**を指定し、ラジオボタンと同様にvalue属性で送信する値を入力します。name属性では、処理プログラムがフォームを区別できるように任意の名前（半角英字）を指定しておきます。

参考

➡ 8-01　入力フォームの定義とフォーム部品について
➡ 8-03　送信ボタンとリセットボタンを指定してみよう
➡ 8-04　汎用ボタンを指定してみよう

■ ソースコード 08_08.html

```html
<form action="xxx.cgi" method="post">
  <p>性別：<br>
    <label><input type="radio" value="male" name="sex">男性</label>
    <label><input type="radio" value="female" name="sex">女性</label>
  </p>
  <p>ご使用のパソコンOS：<br>
    <label><input type="checkbox" value="mac" name="os" checked>Mac OS</label>
    <label><input type="checkbox" value="windows" name="os">Windows</label>
    <label><input type="checkbox" value="other" name="os">その他</label>
  </p>
  <p><input type="submit" value="送信する"><input type="reset" value="リセットする"></p>
</form>
```

- ラジオボタンの指定
- チェックボックスの指定。最後の「checked」を指定するとチェックされた状態で表示される

■ ブラウザの表示

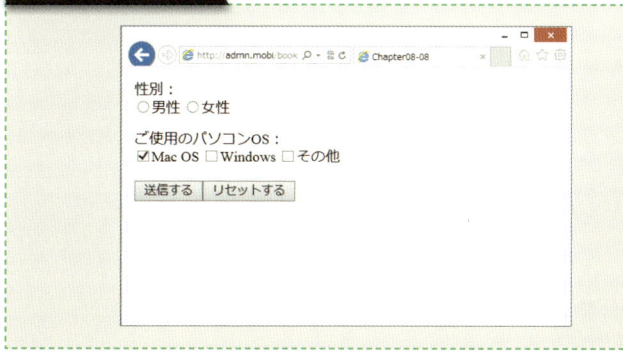

性別：
○男性 ○女性

ご使用のパソコンOS：
☑Mac OS □Windows □その他

[送信する] [リセットする]

> **Memo** 複数の項目を選択可能にするチェックボックスで、あらかじめ1つの項目をチェック済みにしておきたい場合は、checked属性を追加します。サンプルのソースコードを確認してください。

Chapter 8

SECTION 09 選択メニューを指定してみよう

フォームで複数の項目から選択させる場合、チェックボックスや選択メニュー（プルダウンメニュー）を使います。項目数が多い場合に適している「選択メニュー」は、select 要素で指定し、選択項目をそれぞれ、option 要素で記述していきます。

```html
<select>
  <option>選択項目 A</option>
  <option>選択項目 B</option>
  <option>選択項目 C</option>
</select>
```

　フォームを表示する領域が狭く、項目数が多い場合などは、選択メニューのほうが適しています。

　選択メニューを設置するには、select 要素を使います（<select> ～ </select>）。選択項目は、option 要素で記述していきます。具体的には、「<select><option>選択 A</option><option>選択 B</option><option>選択 C</option></select>」のように記述します。

参考

→ 8-01 入力フォームの定義とフォーム部品について
→ 8-03 送信ボタンとリセットボタンを指定してみよう
→ 8-08 ラジオボタンとチェックボックスを指定してみよう

■ソースコード 08_09.html

```html
<form action="xxx.cgi" method="post">
  <p><label>ご使用のパソコンOS：</label><br>
    <select name="os">
    <option value="mac">Mac OS</option>
    <option value="windows">Windows</option>
    <option value="other">その他</option>
    </select>
  </p>
  <p><input type="submit" value="送信する"><input type="reset" value="リセットする"></p>
</form>
```

■ブラウザの表示

Memo 選択メニューで（shiftキーなどを使って）複数の項目を選択可能にする場合は、multiple属性を追加します（<select multiple>）。さらに、size属性で表示する項目を指定しておきます。「<select size="4" multiple>」のように記述した場合は、4つの項目を表示できるので選択しやすくなります。

Chapter 8

SECTION 10 送信ボタンを画像で表現しよう

フォームページの送信ボタンを GIF や JPEG などの画像で表現したい場合は、type 属性で「image」を指定しましょう。さらに、src 属性で画像ファイルの場所を指定、alt 属性で（画像が表示されない環境でも意味がわかるように）代替テキストを記述しておきます。

HTML

```
<input type="image" src="画像ファイルの場所" alt="代替テキスト">
```

　フォームの送信ボタンは、input 要素の type 属性で submit を指定することで簡単に設置できますが、ボタンの見栄えはウェブブラウザに依存してしまいます。

　ウェブサイトのテイストに合わせて、送信ボタンもグラフィカルに表現したい場合は、画像（GIF、JPEG、PNG など）を使用することが可能です。

　まず、type 属性で image を指定し、src 属性で画像ファイルの場所を指定します。次に、alt 属性で何のボタンなのか、わかるように代替テキストを記述しておきます。送信ボタンであれば、「<input type="image" src="submit.png" alt="送信する">」のように指定できます。

参考

- → 8-01　入力フォームの定義とフォーム部品について
- → 8-03　送信ボタンとリセットボタンを指定してみよう
- → 8-04　汎用ボタンを指定してみよう

■ソースコード 08_10.html

```html
<form action="xxx.cgi" method="post">
  <p><label>ニックネーム：<input type="text" name="nickname"></label></p>
  <p><input type="image" src="submit.png" alt="送信する" name="submit"></p>
</form>
```

画像で表示するボタンの指定

■ブラウザの表示

画像が読み込まれなかったときの表示。
Mac OS XのSafari

同様の表示。Androidの標準ブラウザ
（Galaxy S IIを使用）

> **Memo** 送信ボタンを画像で表現するときは、alt属性の記述が必須となります。もし、画像が表示されない環境で閲覧した場合でも、代替テキストがあれば機能します。「送信する」や「投稿する」などのわかりやすいテキストにしてください。

COLUMN

モバイルで利用するフォームページ

　iPhone や iPad、Android などのスマートデバイスは、指を使ったタッチ操作が基本です。タップ（指で軽くたたく）やフリック（指ではじく）、ピンチイン・ピンチアウト（2本指でスクリーンに触れたまま広げたり狭める）などの操作でウェブページを閲覧します。

　ボタンが小さいと、タップしにくいため、誤操作につながりますが、もっと注意しなければいけないのは「入力」の操作です。パソコンで使うことを前提につくられるウェブページは、マウスやキーボードで操作しやすいようにデザインしますが、スマートフォンなどのデバイスでは通用しません。とにかく、入力する手間を減らす努力が必要になります。

　「ANA SKY MOBILE」（ http://www.ana.co.jp ）の「空席照会／予約」ページにアクセスしてみましょう。キーで入力しなくても、搭乗日（カレンダーから選べる）や人数（ポップアップから選べる）などをタップ操作だけで選択することができます。

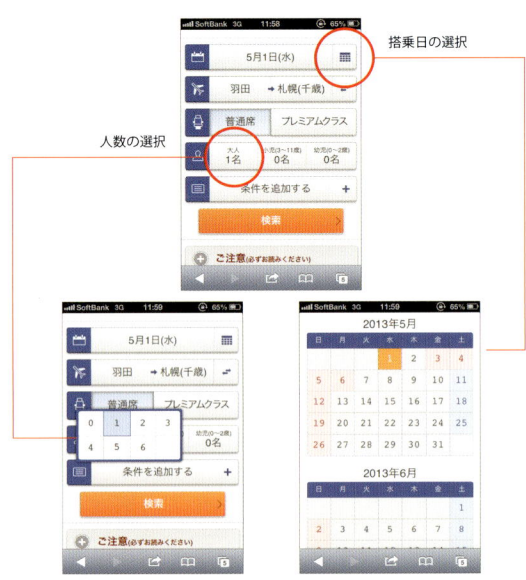

ANA SKY MOBILE の「空席照会／予約」ページ（iPhone 4 を使用）

第9章
マルチメディア

- **01** ビデオ・オーディオ・アニメーションの使い方について
- **02** ページに動画を配置しよう
- **03** YouTubeのビデオを埋め込んでみよう
- **04** Ustreamのライブ映像を埋め込んでみよう
- **05** ページに音声を配置しよう
- **06** ページにGoogleマップを埋め込んでみよう
- **07** ページにFlashアニメーションを配置しよう

Chapter 9

SECTION 01 ビデオ・オーディオ・アニメーションの使い方について

ウェブページの構成要素はテキストと図版だけではありません。ビデオやオーディオ、アニメーション、ライブ映像、地図など、さまざまなメディアを埋め込むことができます。専門の知識がなくても、ウェブサービスの共有機能を利用するだけで実現可能です。

HTML5で指定するか共有機能を使用するか

　ウェブページにビデオやオーディオ、その他のメディアを組み込むには、「HTML5の新しい要素で指定する」方法と「ウェブサービスが提供している共有機能を使う」方法があります。

　HTML5には、video要素やaudio要素がありますので、プラグインなどの拡張機能がブラウザにインストールされていなくても再生することが可能です。ただし、ブラウザによってサポートしているビデオの形式、オーディオの形式が異なりますので、複数のファイルを用意しなければいけません。

　例えば、SafariやChrome、IE9～10では、MPEG-4のビデオファイルを再生しますが、FirefoxやOperaはサポートしていないため、拡張機能が必要になってしまいます。FirefoxやOperaで再生するには、Oggという形式のビデオファイルが必要なのです。ところが、SafariやIE9～10は、Oggをサポートしていませんので、けっきょくMPEG-4のビデオファイルも用意することになります。変換ツールを使えば、複数のビデオファイルを容易に作成できますが、指定が面倒になります。

　一方、「ウェブサービスが提供している共有機能を使う」方法であれば、自動的にコードを生成してくれますので、HTMLファイルにペーストするだけの作業で完了します。

　最近は、企業サイトでも製品のビデオ紹介などは、YouTubeにアップロードして、製品ページに埋め込んでいます。ビデオファイルの変換作業や面倒なコードの記述が必要ないため、有効な手段になっています。iOS （iPhone、iPad など）や Android などの**モバイル環境**でも問題なく利用できますので、たくさんの人に視聴してもらうことが可能です。

ビデオとオーディオ以外では、ライブストリーミング（生放送の映像）や動的なインタラクティブコンテンツ、地図などもウェブページに埋め込むことができます。

	Chrome	Firefox	Safari	Opera	IE	iOS	Android
MPEG-4			3.0+		9.0+	3.0+	2.0+
Ogg	5.0+	3.5+		10.50+			
WebM	6.0+	4.0+		10.60+	9.0+ ※V8コーデックが必要		2.3+ ※ハードウェアデコーダー無し

図 9-1 ブラウザがサポートしているビデオの形式が異なるため、複数のビデオファイルを用意しなければいけない。SafariとIEは「MPEG-4」、FirefoxとOperaは「Ogg」、Google Chromeは「WebM」をサポート、推進している（※Chromeは MPEG-4も再生可能）

Memo
ビデオファイルは、コンテナとコーデックの組み合わせです。コンテナとは「箱」のようなもので、MPEG-4 や Ogg、WebM、AVI、FLV などがあります。これらは「箱」です。この箱に入るのがビデオのコーデック、オーディオのコーデックなのです（コーデックは圧縮の方法）。MPEG-4 の箱の中には、H.264 というビデオコーデックと、AAC というオーディオコーデックが入り、Ogg の中には、Theora というビデオコーデック、Vorbis というオーディオコーデックが入ります。

Chapter 9

SECTION 02 ページに動画を配置しよう

HTML5では、ビデオをサポートしていますので、プラグインや外部のアプリケーションがなくても再生することができます。video要素を使って数行記述するだけですが、ブラウザによって再生できるビデオの形式が異なるため、複数のファイルを用意します。

```html
<video controls>
  <source src="ビデオファイルの場所" type="ビデオのタイプ">
</video>
```

HTML5では、**複数のビデオファイル**を用意しなければいけません。

例えば、「H.264」形式はSafariやChrome、IE9〜10で再生できますが、FirefoxやOperaはサポートしていないので視聴できません。FirefoxとOperaは「Theora（セオラ）」という形式をサポートしています。

source要素で「MP4」「Ogg（拡張子は.ogv）」「WebM」の3つのビデオファイルを指定するとよいでしょう。MP4ファイルは「H.264」、Oggファイルは「Theora」、WebMは「V8」という圧縮形式です（WebMはGoogleの推奨形式）。Miro Video Converter（http://www.mirovideoconverter.com/）などの無償で使える変換ツールがありますので、ビデオファイルの変換は簡単に実行できます。

> **参考**
>
> ➡ 9-01 ビデオ・オーディオ・アニメーションの使い方について
> ➡ 9-03 YouTubeのビデオを埋め込んでみよう
> ➡ 9-05 ページに音声を配置しよう

■ソースコード 09_02.html

```html
<video controls poster="09_02.jpg">
        <source src="09_02.mp4" type="video/mp4">
        <source src="09_02.ogv" type="video/ogg">
        <source src="09_02.webm" type="video/webm">
        <p>HTML5のvideo要素に対応していません。MP4ファイルを<a href="09_02.mp4">ダウンロード</a>してください。</p>
</video>
```

Memoを参照

■ブラウザの表示

Memo　video要素には、controls属性（再生や一時停止、音量などのコントローラーを表示）やposter属性（画像ファイルを指定しておくとビデオが再生されるまで表示）があります。また、source要素の記述の後に、「HTML5のvideo要素に対応していません。」といった文章を記述しておくと、HTML5未対応のブラウザで表示されます。

Chapter 9

SECTION 03 YouTubeのビデオを埋め込んでみよう

YouTubeは世界で最も使われている動画共有サービスです。個人だけではなく、企業なども積極的に活用しています。YouTubeにアップロードした動画は、ウェブサイトやブログなどに埋め込むことができますので、簡単に動画ページを作成できます。

```html
<iframe width=" 幅の値 " height=" 高さの値 " src=" ビデオファイルのURL" frameborder="0" allowfullscreen></iframe>
```
※コードは自動的に生成されます

　YouTubeのビデオ埋め込みは、**共有機能**を利用します。埋め込みたいビデオのページを表示して、ビデオタイトルの下に表示されている「共有」をクリックします。「この動画を共有」にはビデオページのURLが表示されています。[開始位置:] をチェックすると、映像の開始時間が追加されますので、任意のシーンから再生可能なURLが生成されます。例えば、35秒目から再生する場合は、ビデオのURLに「?t=35s」が追加されます。

　隣の「埋め込みコード」をクリックすると、ビデオを埋め込むためのコードが表示されます。「動画のサイズ」で埋め込むビデオの大きさを指定することが可能です。大きさを指定したい場合は、「カスタムサイズ」を選び、ビデオの幅と高さのピクセル値を入力してください。

参考

- ➡ 9-01 ビデオ・オーディオ・アニメーションの使い方について
- ➡ 9-02 ページに動画を配置しよう
- ➡ 9-05 ページに音声を配置しよう

コードはそのままコピーして、埋め込みたいページ（HTMLファイル）にペーストします。

■ ソースコード　　　　　　　　　　　　　　　※コードは自動的に生成されます

HTML

```
<h3>YouTube Capture</h3>
<iframe width="560" height="315" src="http://www.youtube.com/embed/l0sOzdXce6o" frameborder="0" allowfullscreen></iframe>
```

■ ブラウザの表示

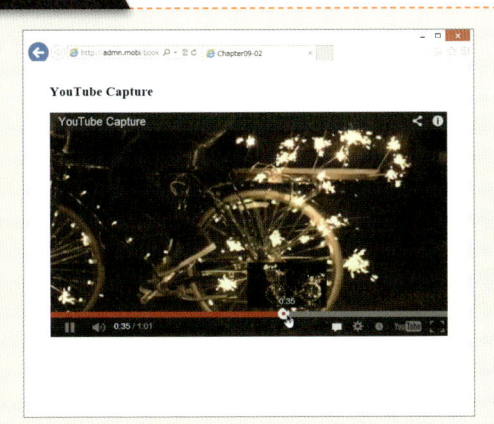

YouTubeビデオ埋め込みについての詳細は「YouTube 動画を埋め込むには」(短縮URL：http://bit.ly/wsl4TJ)を参照

Memo　埋め込んだビデオは、再生を終了すると関連ビデオのサムネイルを表示します。もし、不適切な内容のサムネイルが表示されてしまう場合は、「埋め込みコード」の設定にある「動画が終わったら関連動画を表示する」のチェックを外しておきましょう。

Chapter 9

SECTION 04 Ustreamのライブ映像を埋め込んでみよう

Ustream（ユーストリーム）は、誰でも配信できるライブストリーミングのサービスです。スマートフォンで生中継できる手軽さもあり、世界中で利用されています。この生中継の Ustream 映像をウェブページやブログにも埋め込むことが可能です。

```html
<iframe width=" 幅の値 " height=" 高さの値 " src=" 映像のURL" scrolling="no" frameborder="0" style="border: 0px none transparent;"></iframe>
```

※コードは自動的に生成されます

Ustream の映像を埋め込むには、**共有機能**を利用します。

映像画面にマウスカーソルをのせると、右下に「共有」が表示されます。クリックすると、5つのアイコンが表示されますが、一番下の埋め込みアイコンをクリックしましょう。

「このチャンネルの埋め込みコード」のパネルが表示されます。サイズは横幅が 360 ピクセル、480 ピクセル、720 ピクセルの3種類から選択できますが、カスタムを選んで幅と高さのピクセル値を入力してもかまいません。

［クリップボードにコピー］ボタンをクリックするとコードがコピーされますので、埋め込みたいページ（HTML ファイル）にペーストします。

参考

- ➡ 9-01 ビデオ・オーディオ・アニメーションの使い方について
- ➡ 9-02 ページに動画を配置しよう
- ➡ 9-05 ページに音声を配置しよう

■ ソースコード

※コードは自動的に生成されます

HTML

```
<h3>Ustream.TV: About Us.</h3>
<iframe width="480" height="302" src="http://www.ustream.tv/
embed/recorded/15376199?v=3&amp;wmode=direct" scrolling="no"
frameborder="0" style="border: 0px none transparent;">     </
iframe>
<br /><a href="http://www.ustream.tv/" style="padding: 2px 0px
4px; width: 400px; background: #ffffff; display: block; color:
#000000; font-weight: normal; font-size: 10px; text-decoration:
underline; text-align: center;" target="_blank">Video streaming
by Ustream</a>
```

■ ブラウザの表示

Memo　Ustreamは、ライブストリーミング（生放送）のサービスですが、配信者が映像を保存し、公開している場合は、YouTubeと同じようにいつでも視聴可能です。生放送終了後、録画映像を埋め込んでおけば、見逃した人にもアプローチできます。

Chapter 9

SECTION 05 ページに音声を配置しよう

HTML5では、オーディオをサポートしていますので、プラグインや外部のアプリケーションがなくても再生可能です。audio要素を使って数行記述するだけですが、ブラウザによって再生できる形式が異なるため、複数のファイルを用意しなければいけません。

```html
<audio controls>
  <source src="オーディオファイルの場所" type="オーディオのタイプ">
</audio>
```

　HTML5では、**複数のオーディオファイル**を用意しなければいけません。最も普及しているオーディオファイルは「MP3」ですが、FirefoxとOperaは「Ogg」を指定する必要があります(「WAV」でも再生可能)。

　<audio controls>〜</audio>の中に、**source要素**を使って「<source src="sample.mp3" type="audio/mp3">」のように記述します。HTML5のaudio要素をサポートしていないブラウザのために、「HTML5のaudio要素に対応していません。」といった文章を最後に記述しておくとよいでしょう。

　なお、Miro Video Converter (http://www.mirovideoconverter.com/)

参考

➡ 9-01 ビデオ・オーディオ・アニメーションの使い方について
➡ 9-03 YouTubeのビデオを埋め込んでみよう
➡ 9-05 ページに音声を配置しよう

などの無償で使える変換ツールがありますので、オーディオファイルの変換は簡単に実行できます。変換前のオリジナルは可能なかぎり、高音質のオーディオファイルを用意しておきましょう。Miro Video Converter については、Memo を参照してください。

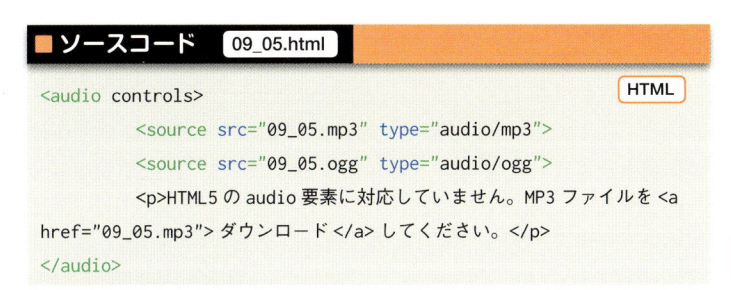

■ソースコード 09_05.html

```html
<audio controls>
        <source src="09_05.mp3" type="audio/mp3">
        <source src="09_05.ogg" type="audio/ogg">
        <p>HTML5 の audio 要素に対応していません。MP3 ファイルを <a href="09_05.mp3"> ダウンロード </a> してください。</p>
</audio>
```

■ブラウザの表示

> **Memo** Miro Video Converter（http://www.mirovideoconverter.com/）の使い方はとても簡単です。アプリケーションを起動したら、オーディオファイルをウィンドウにドラッグして、[Format] をクリック、メニューから Audio の「MP3」もしくは「Ogg Vorbis」を選択し、下の Convert ボタンをクリックします。

Chapter 9

SECTION 06 ページにGoogleマップを埋め込んでみよう

Googleマップは、Googleが提供しているブラウザで利用できる地図情報検索サービスです。企業サイトなどでは、会社概要のページに住所だけではなく地図も掲載していますが、Gogleマップを埋め込むことで閲覧者の利便性を高めることが可能です。

最初に地図を表示する

Googleマップをウェブページに埋め込むには、まず地図を表示しなければいけません。

Google検索で表示したい住所を入力します。検索すると、右側に地図が表示されますので、クリックしてください。地図検索の画面になります。ここで、地図を拡大したり、スクロールしながら場所を決めます。右クリックして、メニューから［ここを地図の中心にする］を選択します。続けて、左上のリンク（鎖の形）マークのアイコンをクリック、「埋め込み地図のカスタマイズとプレビュー」をクリックします。地図のサイズを選択しましょう。コードはGoogleマップの共有機能で自動生成されます。

完了したら生成されているコードを埋め込みたいページ（HTMLファイル）にペーストします。

参考

→ 9-01 ビデオ・オーディオ・アニメーションの使い方について
→ 9-03 YouTubeのビデオを埋め込んでみよう
→ 9-07 ページにFlashアニメーションを配置しよう

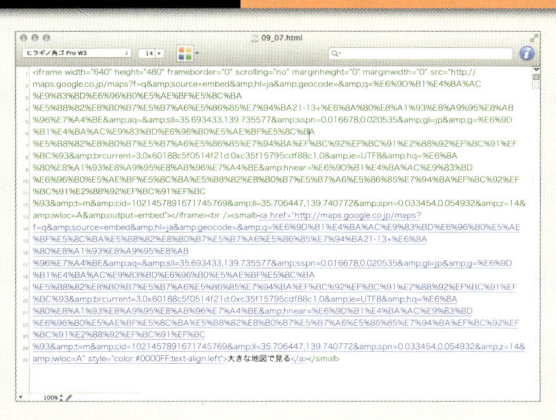

■ ソースコード
※コードは自動的に生成されます

```
<iframe width="640" height="480" frameborder="0" scrolling="no" marginheight="0" marginwidth="0" src="http://
maps.google.co.jp/maps?f=q&amp;source=embed&amp;hl=ja&amp;geocode=&amp;q=%E6%9D%B1%E4%BA%AC
%E9%83%BD%E6%96%B0%E5%AE%BF%E5%8C%BA
%E5%B8%82%E8%B0%B7%E5%9E%A6%E5%86%85%E7%94%BA21-13+%E6%8A%80%E8%A1%93%E8%A9%95%E8%AB
%96%E7%A4%BE&amp;aq=&amp;sll=35.693433,139.735577&amp;sspn=0.016678,0.020535&amp;gl=jp&amp;g=%E6%9D
%B1%E4%BA%AC%E9%83%BD%E6%96%B0%E5%AE%BF%E5%8C%BA
%E5%B8%82%E8%B0%B7%E5%9E%A6%E5%86%85%E7%94%BA%EF%BC%92%EF%BC%91%EF
%BC%933&amp;brcurrent=3,0x60188c5f0514f21d:0xc35f15795cdf88c1,0&amp;ie=UTF8&amp;hq=%E6%8A
%80%E8%A1%93%E8%A9%95%E8%AB%96%E7%A4%BE&amp;hnear=%E6%9D%B1%E4%BA%AC%E9%83%BD
%E6%96%B0%E5%AE%BF%E5%8C%BA%E5%B8%82%E8%B0%B7%E5%9E%A6%E5%86%85%E7%94%BA%EF%BC%92%EF
%BC%91%E2%88%92%EF%BC%93%EF%BC%BC
%33&amp;t=m&amp;cid=10214578916717457698&amp;ll=35.706447,139.740772&amp;spn=0.033454,0.054932&amp;z=14&
amp;wloc=A&amp;output=embed"></iframe><br /><small><a href="http://maps.google.co.jp/maps?
f=q&amp;source=embed&amp;hl=ja&amp;geocode=&amp;q=%E6%9D%B1%E4%BA%AC%E9%83%BD%E6%96%B0%E5%AE
%BF%E5%8C%BA%E5%B8%82%E8%B0%B7%E5%9E%A6%E5%86%85%E7%94%BA21-13+%E6%8A
%80%E8%A1%93%E8%A9%95%E8%AB
%96%E7%A4%BE&amp;aq=&amp;sll=35.693433,139.735577&amp;sspn=0.016678,0.020535&amp;gl=jp&amp;g=%E6%9D
%B1%E4%BA%AC%E9%83%BD%E6%96%B0%E5%AE%BF%E5%8C%BA
%E5%B8%82%E8%B0%B7%E5%9E%A6%E5%86%85%E7%94%BA%EF%BC%92%EF%BC%91%EF%BC%93
%E8%BC%933&amp;brcurrent=3,0x60188c5f0514f21d:0xc35f15795cdf88c1,0&amp;ie=UTF8&amp;hq=%E6%8A
%80%E8%A1%93%E8%A9%95%E8%AB%96%E7%A4%BE&amp;hnear=%E6%9D%B1%E4%BA%AC%E9%83%BD
%E6%96%B0%E5%AE%BF%E5%8C%BA%E5%B8%82%E8%B0%B7%E5%9E%A6%E5%86%85%E7%94%BA%EF%BC%92%EF
%BC%91%E2%88%92%EF%BC%93%EF%BC%BC
%33&amp;t=m&amp;cid=10214578916717457698&amp;ll=35.706447,139.740772&amp;spn=0.033454,0.054932&amp;z=14&
amp;wloc=A" style="color:#0000FF;text-align:left">大きな地図で見る</a></small>
```

■ ブラウザの表示

Memo Googleマップの地図上でダブルクリックすると、「ストリートビュー」に切り替わります。ここで、リンクのアイコンをクリックすると、ストリートビューが表示された状態でコードを生成してくれます。詳細はストリートビューのページを参照してください。

Chapter 9

SECTION 07 ページにFlashアニメーションを配置しよう

Flashは最もメジャーな拡張技術で、企業サイトの製品ページや新作映画のキャンペーンサイト、オンラインゲーム、ウェブサービスなど、さまざまな用途に使われています。Flashのコンテンツはウェブページに組み込むことができます。

オーサリングソフトで自動的に作成してくれる

Flashは、高度なアニメーションやインタラクティブコンテンツを、ウェブブラウザ上で公開できるのが大きな魅力です。

Flashのコンテンツは、Adobe Flash（2013年3月現在ではAdobe Flash Professional CS6）というオーサリングソフトを使用してつくります。同ソフトのパブリッシュ機能によって、HTMLファイルも自動的に作成してくれますので特別なコーディング作業は必要ありません。

Flashコンテンツを再生するための「Flash Player」がブラウザにインストールされていない場合、プラグインのダウンロードページに誘導する処理も実行してくれます。

参考

➡ 9-01 ビデオ・オーディオ・アニメーションの使い方について
➡ 9-03 YouTubeのビデオを埋め込んでみよう
➡ 9-06 ページにGoogleマップを埋め込んでみよう

■ソースコード　09_07.html　　※コードは自動的に生成されます

```html
<object id="FlashID" classid="clsid:D27CDB6E-AE6D-11cf-96B8-444553540000" width="640" height="480">
  <param name="movie" value="09_06.swf" />
  <param name="quality" value="high" />
  <param name="wmode" value="opaque" />
  <param name="swfversion" value="15.0.0.0" />
  <!--[if !IE]>-->
  <object type="application/x-shockwave-flash" data="09_06.swf" width="640" height="480">
  <!--<![endif]-->
    <param name="quality" value="high" />
    <param name="wmode" value="opaque" />
    <param name="swfversion" value="15.0.0.0" />
    <param name="expressinstall" value="Scripts/expressInstall.swf" />
  <div>
    <h4>このページのコンテンツには、Adobe Flash Player の最新バージョンが必要です。</h4>
    <p><a href="http://www.adobe.com/go/getflashplayer"><img src="http://www.adobe.com/images/shared/download_buttons/get_flash_player.gif" alt="Adobe Flash Player を取得" width="112" height="33" /></a></p>
  </div>
  <!--[if !IE]>-->
  </object>
  <!--<![endif]-->
</object>
```

- `<!--[if !IE]>-->` — Internet Explorer 用の指定
- `<h4>...</h4>` — 古い Flash Player がインストールされている環境で表示されるテキスト
- `<p><a>...</a></p>` — ダウンロードボタンを表示する指定

■ ブラウザの表示

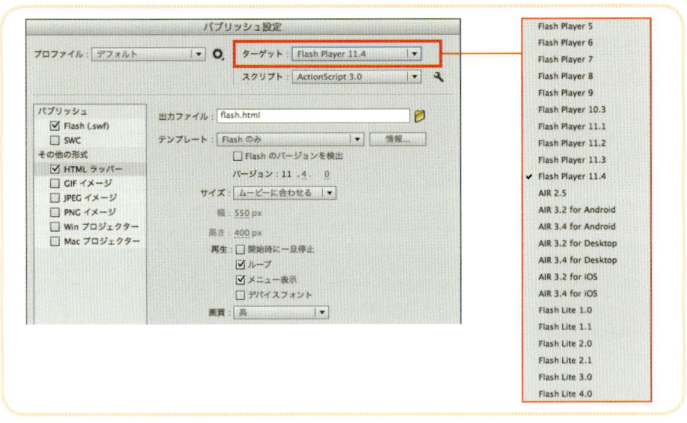

図 9-2 Adobe Flash Professional CS6の［パブリッシュ設定］画面。ここで、埋め込む FlashとHTMLフィアルの設定をする。Flashを再生するための「Flash Player」には新旧の複数バージョンがあるが、通常はデフォルト設定のままでかまわない

> **Memo**
>
> Flashは、iOS（iPhone、iPadなど）では使えず、AndroidでもFlash Playerの開発が終了しましたので、モバイル環境についてはHTML5をベースにしたコンテンツが中心になっており、Flashの代替としてAdobe Edge Animateなどのツールが普及しつつあります。

第10章
モバイル

- **01** スマートフォンやタブレットで見るウェブページについて
- **02** iPhoneでページを表示させてみよう
- **03** Androidスマートフォンでページを表示させてみよう
- **04** iPadでページを表示させてみよう
- **05** Androidタブレットでページを表示させてみよう
- **06** スマートフォンとタブレットでレイアウトを変えてみよう

Chapter 10

SECTION 01 スマートフォンやタブレットで見るウェブページについて

現在、スマートフォンやタブレットなどのスマートデバイスが急速に普及し始めています。パソコンより（外出中でも利用できる）スマートフォンからのアクセスが多いウェブサイトもあります。これからは、モバイル環境のウェブも理解しておく必要があります。

さまざまなディスプレイサイズに対応させる仕組み

　iPhoneには、3GS、4、4S、5などのモデルがあります。解像度は3GSが「320×480ピクセル」、4と4Sが「640×960ピクセル」、5が「640×1136ピクセル」です。このように解像度は異なりますが、ディスプレイのサイズは3.5インチ（5のみ4インチ）なので、このまま表示してしまうと、解像度が高いほど小さく表示されてしまいます。

　そこで、スマートフォンやタブレットでは解像度が異なっても、同じ大きさで表示される仕組みが採用されています。仕組みを知るには、まずデバイスのピクセル密度（density）について理解しておきましょう。

　解像度とディスプレイサイズによって、ppiという単位の値が算出できます。専門的な解説は割愛しますが、iPhone 3GSは「163ppi」、iPhone 4Sは「326ppi」になります。4Sのほうが高解像度だということがわかると思います。ディスプレイサイズが同じ3.5インチなのに、解像度が4倍違うわけですから、そのまま表示すると縮小コピーのように小さく表示されてしまいます。

　同じ大きさで表示するには、デバイスのピクセル密度（density）を適用します。iPhone 3GSが「1」で、iPhone 4Sは「2」と設定されています。このピクセル密度が適用されると、iPhone 3GSと4Sは同じ「320×480ピクセル」になります。ただし、4Sのほうが4倍きめ細かく表示されるわけです。

　実際の解像度は「640×960ピクセル」ですが、デバイスのピクセル

密度が適用されると、「320 × 480 ピクセル」の iPhone 3GS と同じ解像度になるという仕組みです。もし、この仕組みがなかったら、アプリなどは解像度に合わせてつくり直しになってしまいます。

ウェブページはもう少し複雑です。パソコン用につくられたページをスマートフォンで閲覧することを考えてください。どうしても縮小コピーのようになってしまいます。ただ、どのくらいの解像度で表示させるかは指定することができます。ビューポート（viewport）の指定です。

デフォルトのビューポート
980px

ビューポートをデバイスの幅に変更
480px (Galaxy S II の場合)

図 10-1 異なるディスプレイサイズ、異なる解像度のスマートデバイスで、見やすく表示する（つまりどのデバイスでも同じ大きさで表示する）ために、デバイスのピクセル密度（density）が適用されている。また、ウェブページを見やすく表示する仕組みに「ビューポート」がある

> **Memo** iOS と Android に搭載されているブラウザのビューポート（viewport）は、デフォルトで幅 980 ピクセルに設定されています。パソコンのブラウザで見るウェブページの幅が 980 ピクセルの場合、iPhone や Android スマートフォンの幅にピッタリおさまります。縮小コピーのようになりますので、ビューポートの値を指定して変更することが可能です。

Chapter 10

iOS、Androidなどのスマートデバイスに搭載されている
モバイルブラウザ

SECTION 02 iPhoneでページを表示させてみよう

iPhoneの解像度は、3GSが「320 × 480ピクセル」、4と4Sが「640 × 960ピクセル」、5が「640 × 1136ピクセル」ですが、デバイスのピクセル密度（density）によって、どのモデルのスクリーンでも同じ大きさで表示される仕組みになっています。

HTML

```html
<meta name="viewport" content="width=device-width">
```

デバイスのピクセル密度やビューポートについての基本的な仕組みを理解している前提で解説していますので「10-01　スマートフォンやタブレットで見るウェブページについて」を最初に参照してください。

図を見てください。左がiPhoneに搭載されているブラウザ（Safari）のデフォルト表示です。ブラウザの表示領域の幅が980ピクセルに設定されています。右は、「<meta name="viewport" content="width=device-width">」といったビューポートの指定を追加したウェブページの表示です。「デバイスの幅」を「ブラウザの表示領域の幅」にするという指定なので、iPhoneの幅320ピクセルが適用されています。

参考

➡ 1-11　ウェブブラウザについて理解しておこう
➡ 10-01　スマートフォンやタブレットで見るウェブページについて
➡ 10-03　Androidスマートフォンでページを表示させてみよう

■ ソースコード　10_02.html

```html
<head>
<meta charset="UTF-8">
<meta name="viewport" content="width=device-width">
<title>Chapter10-02</title>
<style type="text/css">
  body { padding: 0 1em; }
  p { line-height: 1.6; }
</style>
</head>
```

ビューポートの指定

■ ブラウザの表示

> **Memo**
>
> 「10-01 スマートフォンやタブレットで見るウェブページについて」の復習です。iPhone 3GS の解像度は「320 × 480 ピクセル」、4 と 4S は「640 × 960 ピクセル」ですが、デバイスのピクセル密度（density）によって、すべて「320 × 480 ピクセル」になります（※画面のきめ細かさは 4 と 4S が 3GS の 4 倍）。つまり、サンプルのビューポート指定も、すべて iPhone の幅 320 ピクセルが適用されることになります。

Chapter 10 iOS、Androidなどのスマートデバイスに搭載されている
モバイルブラウザ

SECTION 03 Androidスマートフォンでページを表示させてみよう

Androidのスマートフォン、タブレットは、iOS(iPhone、iPad)のように分かりやすい分類はできません。スクリーンサイズ、解像度、比率はバラバラで多種多様な機種が混在する混沌とした状態です。ピクセル密度やビューポートの知識はiOSと同様に必須です。

HTML

```
<meta name="viewport" content="width=device-width>
```

　デバイスのピクセル密度やビューポートについての基本的な仕組みを理解している前提で解説していますので「10-01 スマートフォンやタブレットで見るウェブページについて」を最初に参照してください。

　図を見てください(Galaxy S IIを使用)。左がAndroidに搭載されている標準ブラウザのデフォルト表示です。ブラウザの表示領域の幅が980ピクセルに設定されています。右は、「<meta name="viewport" content="width=device-width">」といったビューポートの指定を追加したウェブページの表示です。「デバイスの幅」を「ブラウザの表示領域の幅」にするという指定なので、Galaxy S IIの幅480ピクセルが適用されています。

参考

→ **1-11** ウェブブラウザについて理解しておこう
→ **10-01** スマートフォンやタブレットで見るウェブページについて
→ **10-02** iPhoneでページを表示させてみよう

■ ソースコード　10_03.html

```html
<head>
<meta charset="UTF-8">
<meta name="viewport" content="width=device-width">
<title>Chapter10-03</title>
<style type="text/css">
  body { padding: 0 1em; }
  p { line-height: 1.6; }
</style>
</head>
```

<meta name="viewport" content="width=device-width"> → ビューポートの指定

■ ブラウザの表示

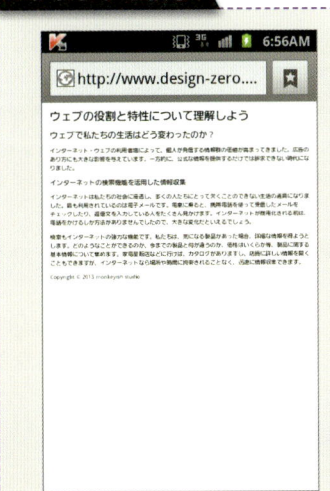

> **Memo**
>
> Android のスマートフォンは、3.2 インチ（HT-03A など）から大型の 5.5 インチ（GALAXY Note II）まで、ディスプレイサイズはさまざまです。解像度も HTC J butterfly などは 5 インチで、パソコン並みの 1920 × 1080 ピクセルです（解像度は 440ppi）。iOS のように、すべてのモデルを把握することは不可能です。

Chapter 10

iOS、Androidなどのスマートデバイスに搭載されている
モバイルブラウザ

SECTION 04 iPadでページを表示させてみよう

iPadは、タブレットに分類されますが、OSはiPhoneと同じiOSです。ディスプレイサイズは9.7インチなので、パソコンに近い表示になります。現在販売されているモデルは、iPad2とiPad Retinaディスプレイモデル、そして7.9インチのiPad miniです。

HTML
```
<meta name="viewport" content="width=device-width">
```

　デバイスのピクセル密度やビューポートについての基本的な仕組みを理解している前提で解説していますので「10-01　スマートフォンやタブレットで見るウェブページについて」を最初に参照してください。

　図を見てください。左がiPadに搭載されているブラウザ（Safari）のデフォルト表示です。ブラウザの表示領域の幅が980ピクセルに設定されています。右は、「<meta name="viewport" content="width=device-width">」といったビューポートの指定を追加したウェブページの表示です。「デバイスの幅」を「ブラウザの表示領域の幅」にするという指定なので、iPadの幅768ピクセルが適用されています（iPad miniも同じです）。

参考

- ➡ 10-01 スマートフォンやタブレットで見るウェブページについて
- ➡ 10-02 iPhoneでページを表示させてみよう
- ➡ 10-03 Androidスマートフォンでページを表示させてみよう

■ソースコード 10_04.html

```html
<head>
<meta charset="UTF-8">
<meta name="viewport" content="width=device-width">
<title>Chapter10-04</title>
<style type="text/css">
  body { padding: 0 1em; }
  p { line-height: 1.6; }
</style>
</head>
```

HTML

ビューポートの指定

■ブラウザの表示

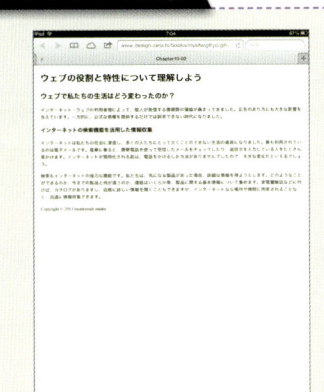

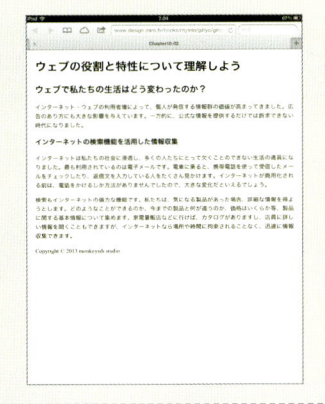

> **Memo**
> 「10-01 スマートフォンやタブレットで見るウェブページについて」の復習です。iPad2 の解像度は「768 × 1024 ピクセル」、iPad Retina ディスプレイモデルは「1536 × 2048 ピクセル」ですが、デバイスのピクセル密度（density）によって、どちらも「768 × 1024 ピクセル」になります（画面のきめ細かさは Retina ディスプレイモデルが 4 倍）。つまり、サンプルのビューポート指定も、幅 768 ピクセルが適用されることになります。

10 モバイル

Chapter 10

iOS、Android などのスマートデバイスに搭載されている
モバイルブラウザ

SECTION 05 Androidタブレットでページを表示させてみよう

Android のタブレットは、7 インチ程度の小型からパソコンと変わらない 13.3 インチ（REGZA Tablet AT830 など）と幅広く、解像度も画面の比率も異なります。OS はタブレット用に搭載されていた Android 3.x と、最新の 4.x があります。

```html
<meta name="viewport" content="width=device-width">
```

　デバイスのピクセル密度やビューポートについての基本的な仕組みを理解している前提で解説していますので「10-01　スマートフォンやタブレットで見るウェブページについて」を最初に参照してください。

　図を見てください（Nexus 7 を使用）。左が Android に搭載されている標準ブラウザ（Android 4 以上は Chrome）のデフォルト表示です。ブラウザの表示領域の幅が 980 ピクセルに設定されています。右は、「<meta name="viewport" content="width=device-width" />」といったビューポートの指定を追加したウェブページの表示です。「デバイスの幅」を「ブラウザの表示領域の幅」にするという指定なので、Nexus 7 の幅 800 ピクセルが適用されています。

> 📖 参考
>
> ➡ 10-01 スマートフォンやタブレットで見るウェブページについて
> ➡ 10-02 iPhone でページを表示させてみよう
> ➡ 10-04 iPad でページを表示させてみよう

■ソースコード   10_05.html

```html
<head>
<meta charset="UTF-8">
<meta name="viewport" content="width=device-width">
<title>Chapter10-05</title>
<style type="text/css">
  body { padding: 0 1em; }
  p { line-height: 1.6; }
</style>
</head>
```

> ビューポートの指定

■ブラウザの表示

> **Memo**　Amazon の Kindle Fire と Fire HD も Android を採用したタブレットですが、Kindle 用にカスタマイズされており、搭載されているブラウザも Amazon が開発したものです。Android タブレットとは仕様が異なるため、ウェブページの表示にも差異があります。

Chapter 10

SECTION 06 スマートフォンとタブレットでレイアウトを変えてみよう

スマートフォンとタブレットでは、スクリーンサイズが異なるため、ウェブページの内容によっては見栄えの問題が出てきます。このような場合、CSS3 の Media Queries（メディアクエリ）を使えば画面サイズに合わせてレイアウトを振り分けることができます。

CSS

```
@media only screen and (max-width: ブラウザの表示
領域の横幅の値) { スマートフォン向けのスタイル指定 }
```

スマートフォンとタブレットで問題になるのはレイアウトです。例えば、ウェブページを 3 段組みにした場合、パソコンやタブレットなどの広い画面では一覧性が向上し、読みやすくなりますが、スマートフォンでは文字が小さ過ぎてズームしないと読めません。

そこで、CSS3 の Media Queries（メディアクエリ）という機能を使って、デバイスの幅やブラウザの表示領域の幅に合わせて、CSS の指定を振り分けることになります。

「@media only screen and (max-width: 767px) { スマートフォン向けのスタイル指定 }」と記述すると、ブラウザの表示領域の横幅が 767 ピクセル以下のデバイスには、指定した CSS が適用されます。

参考

→ 10-01 スマートフォンやタブレットで見るウェブページについて
→ 10-02 iPhone でページを表示させてみよう
→ 10-03 Android スマートフォンでページを表示させてみよう

■ソースコード　10_06.html

```css
.multicol { -moz-column-count: 2; -webkit-column-count: 2;   [CSS]
column-count: 2; }  ← 2段組みにする指定

@media only screen and (max-width: 767px) {  ← 表示領域の横幅が767px
                                               以下なら以下のスタイルを
                                               実行
body { margin:1em; padding: 0 1em; }
.multicol { -moz-column-count:1; -webkit-column-count:1; column-
count:1; }  ← 段組みを全段にする指定
}
```

■ブラウザの表示

> **Memo**　サンプルのソースコードは、最初にパソコンとタブレット向けのスタイルを指定しています(「column-count: 2」は2段組みの指定)。その下に、Media Queries(メディアクエリ)が記述されており、「ブラウザの表示領域の横幅が767ピクセル以下のデバイスは、全段に変更する」というスマートフォン向けの指定になっています。iPadの横幅が768ピクセルですから、iPadより小さい画面はすべてスマートフォン向けとして指定しています。

COLUMN

次世代のCSSデザインを試す

　ウェブページの視覚表現は、CSSの仕様によって実現されていますが、紙媒体のページデザインと比較して、まだまだ制限があります。本書では、floatプロパティによる擬似的な段組み表現、CSS3のマルチカラムレイアウトなどを紹介しましたが、DTPのように直感的な作業にはなりません。ただし、今後は少しずつ状況が変わっていきそうです。CSSを使って自由度の高い（雑誌のレイアウトのような）デザインを可能にするための仕様がすでに提案されており、最新のブラウザであれば実際に試すこともできます。

　ウェブページは、サイズも比率も異なるさまざまなスクリーンで閲覧されますので、紙媒体に近い固定レイアウトよりも、（スクリーンの形状にあわせて）動的に変化するリキッドレイアウトのほうが対応しやすいのですが、現在のCSSでは大変複雑なコードになってしまいます。新しいCSSでは、シンプルな指定で複雑なページデザインを可能にしますので、ウェブページの表現の幅が広がります。

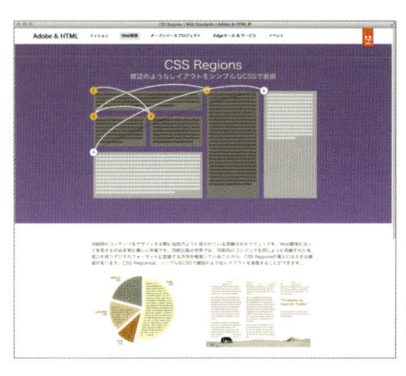

AdobeがW3Cに提案して策定が進められている「CSS Regions」(http://html.adobe.com/jp/webstandards/cssregions/)のページ。簡単なCSSの指定で、雑誌の複雑なレイアウトも表現可能になる

「CSS Exclusions」の仕様は、ページに配置された画像に沿って、テキストを流し込むことが可能になる。開発版のSafari（Webkit nightly）やGoogle Chrome Canaryで試すことができる

第11章
ソーシャルメディア

- **01** ウェブページとソーシャルメディアの連携について
- **02** ツイッターの投稿ボタンを設置しよう
- **03** フェイスブックのいいね！ボタンを設置しよう
- **04** Googleの「+1 ボタン」を設置しよう
- **05** はてなブックマークのボタンを設置しよう
- **06** ソーシャルボタンをまとめて設置しよう

Chapter 11

SECTION 01 ウェブページとソーシャルメディアの連携について

ソーシャルメディアが社会に浸透し始め、ネット上の情報の流れが変わってきました。これからは、ウェブサイトに情報を掲載するだけでは期待した反応を得られません。Facebook や Twitter などのサービスとどうやって連携するかが重要になってきます。

一方向の発信だけではなく共有させる仕組みが必要

ソーシャルメディアによって、一方向の情報発信だけでは効果的に伝達するのが難しくなってきました。Google や Yahoo! などが情報獲得の中心だった時代は、「検索」経由でウェブサイトにたどり着くことが多いため、SEO など、検索エンジンに情報を拾ってもらうための対策が必要でした。ソーシャルメディアの情報の流れは、人と人のつながりによって拡散していくため、検索だけでは対応できません。現在は、SNS（ソーシャル・ネットワーキング・サービス）との連携が必須だと考えてよいでしょう。

Facebook（フェイスブック）や Twitter（ツイッター）、mixi（ミクシィ）、Google+（グーグルプラス）、さらに急速にシェアを拡大している LINE（ライン）なども視野に入れながら、ウェブサイトとつながる仕組みを取り入れていく必要があります。

Facebook は世界最大の SNS です。国内でも推定ユーザー数が 1670 万人を超えており（2012 年 12 月の調査）、影響力の大きい SNS だといえるでしょう。Twitter は、Facebook や mixi とは異なり、SNS として設計されているわけではありませんが、人と人がつながり、関係性を生み出すプラットフォームとして定着しています。世界で利用しているアクティブユーザーの約 10 分の 1 が日本のユーザーで、国内では無視できないサービスになっています。

ウェブブラウザには、気に入ったページをブックマーク（お気に入り）する機能が搭載されていますが、このブックマークをインターネット上で

公開し、共有し合うことを**ソーシャルブックマーク**と呼びます。国内では、2005年にリリースされた「はてなブックマーク」がよく知られています。

情報の**共有**を促進するような仕組みをウェブサイトに取り込むことがポイントといえるでしょう。最も簡単で効果的な仕組みが**ソーシャルボタン**です。この章では、ソーシャルボタンの設置方法を紹介していきます。

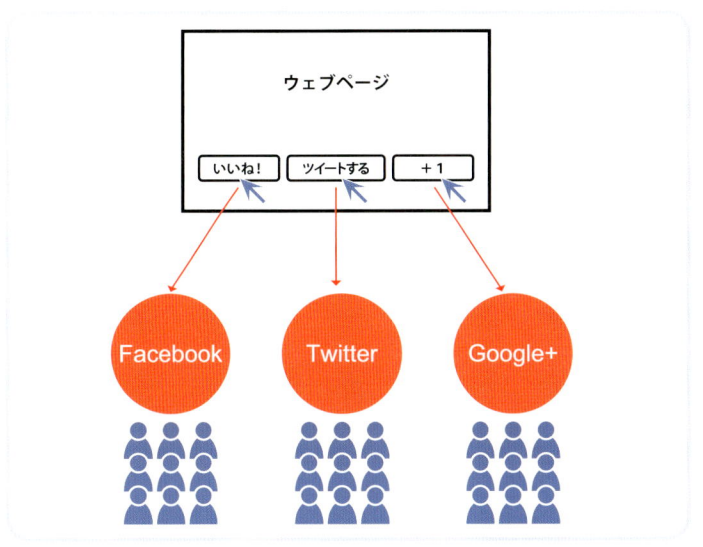

図11-1 FacebookやTwitter、Google+、mixiなどのSNSと連携することが重要

> **Memo** FacebookやTwitter、Google+、mixiなどのサービス以外では、YouTube（ユーチューブ）やニコニコ動画などの動画共有サービス、Ustream（ユーストリーム）などのソーシャルメディアと連携したライブ配信サービスなども意識しておいたほうがよいでしょう。

Chapter 11

SECTION 02 ツイッターの投稿ボタンを設置しよう

ウェブページやブログのエントリーに、公式のツイートボタンを設置すると、Twitter（ツイッター）と連携させることができます。ウェブページのリンクを簡単に共有でき、拡散しやすいため、多くの人に閲覧してもらえる可能性が高くなります。

URL

Twitter ボタン

https://twitter.com/about/resources/buttons

Twitter のツイートボタンには、リンクを共有するツイートボタン、フォローするボタン、ハッシュタグのボタン、@ツイートのボタンなどがあります。

これらのツイートボタンをウェブページやブログに設置する場合は、Twitter 社が提供している Twitter ボタンのページにアクセスします。設置したいボタンを選択すると、ボタンのオプションとプレビューが表示されます。

リンクを共有するツイートボタンであれば、ページの URL、ツイート内のテキスト、言語設定などを入力してから、プレビューのボタンをクリックして確認します。

問題なければ、生成されたコードを HTML ファイル内にペーストしてください。

参考

→ 2-02　HTML の全体構造を把握しよう
→ 11-03　フェイスブックのいいね！ボタンを設置しよう
→ 11-06　ソーシャルボタンをまとめて設置しよう

■ソースコード

ツイートボタン

サイトにボタンを追加してサイトの訪問者が記事を共有したり、あなたとTwitterでつながることができるようにしましょう。

ボタンを選択

- ● リンクを共有する
  - ツイート 63
- ○ フォローする
  - @Twitterをフォローする
- ○ ハッシュタグ
  - #Twitterストーリーをツイートする
- ○ @ツイート
  - @twedasukeへツイートする

ボタンのオプション

- URLを共有 ○ ページのURLを使う
  - ● http://admn.mobi/
- ツイート内テキスト ○ ページのタイトルを使う
  - ● おощее書籍です。
  - ☑ 数を表示
- ユーザー @ ユーザー名
- 推奨 @ ユーザー名
- ハッシュタグ # BookLove
- ☑ ボタン(大)
- □ カスタマイズされたTwitterからのオプトアウト [?]
- 言語設定 日本語

コードのプレビューを見る

ボタンを使ってみた後、以下のHTMLをサイトにコピペしてください。

ツイート 0

```
<a href="https://twitter.com/share" class="
<script>!function(d,s,id){var js,fjs=d.getElem
```

■ブラウザの表示

Coming soon - monkeyish studio.

ツイート 0

©2013 [monkeyish studio.] All Rights Reserved.

HTML5のaudio要素に対応していません。MP3ファイルをダウンロードしてください。

> **Memo** 投稿されたツイートそのものをウェブページに埋め込むこともできます。埋め込みたいツイートにカーソルを合わせると、右下に[その他]が表示されますのでクリックし、ポップアップメニューから[ツイートをサイトに埋め込む]を選びます。コード生成のウィンドウが開きます。

11 ソーシャルメディア

Chapter 11

SECTION 03

フェイスブックのいいね！ボタンを設置しよう

Facebookの代表的な機能に「いいね！」ボタン（Like Button）があります。プラグインとして提供されているため、ウェブサイトやブログなどに設置することができます。ボタンがクリックされるとニュースフィード上にも流れる仕組みになっています。

URL

「Like Button」ページ

http://developers.facebook.com/docs/reference/plugins/like/

　Facebookには、ウェブサイトやブログとを連携するための仕組みが提供されています（ソーシャルプラグインと呼びます）。最も利用されているのが、ウェブページに設置する「いいね！」ボタンです。
　Facebookの「Like Button」ページにアクセスし、設置するサイトやブログのURLを入力します。さらに、ボタンのスタイル選択、横幅のサイズ入力、色の選択などを実行し、「Get Code」ボタンをクリックすると2つのプラグインコードが生成されます（HTML5が選択されています）。
　これをHTMLファイル内に挿入してください。1つは、<body>の下にペースト、もう1つはボタンを表示したい箇所にペーストします。

参考

- ➡ 2-02　HTMLの全体構造を把握しよう
- ➡ 11-02　ツイッターの投稿ボタンを設置しよう
- ➡ 11-06　ソーシャルボタンをまとめて設置しよう

■ソースコード

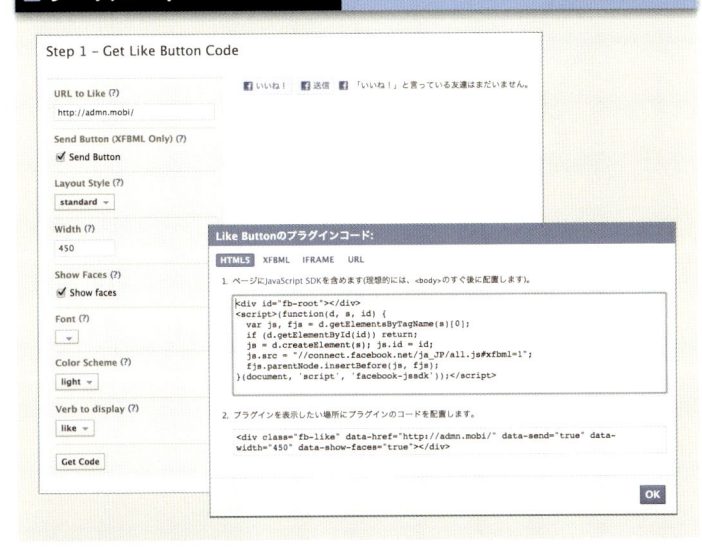

Step 1 - Get Like Button Code

URL to Like (?)
http://admn.mobi/

Send Button (XFBML Only) (?)
☑ Send Button

Layout Style (?)
standard ▼

Width (?)
450

Show Faces (?)
☑ Show faces

Font (?)
▼

Color Scheme (?)
light ▼

Verb to display (?)
like ▼

Get Code

■ いいね！　■ 送信　■ 「いいね！」と言っている友達はまだいません。

Like Buttonのプラグインコード:

HTML5 XFBML IFRAME URL

1. ページにJavaScript SDKを含めます(理想的には、<body>のすぐ後に配置します)。

```
<div id="fb-root"></div>
<script>(function(d, s, id) {
  var js, fjs = d.getElementsByTagName(s)[0];
  if (d.getElementById(id)) return;
  js = d.createElement(s); js.id = id;
  js.src = "//connect.facebook.net/ja_JP/all.js#xfbml=1";
  fjs.parentNode.insertBefore(js, fjs);
}(document, 'script', 'facebook-jssdk'));</script>
```

2. プラグインを表示したい場所にプラグインのコードを配置します。

```
<div class="fb-like" data-href="http://admn.mobi/" data-send="true" data-width="450" data-show-faces="true"></div>
```

OK

■ブラウザの表示

← → ☐ http://admn.mobi/ ... ☐ Coming soon - monkeyi... ×

Coming soon - monkeyish studio.

♡ いいね！　☐ 送信　■ FacebookにSign Upして、友達の「いいね！」を見てみましょう。

©2013 [monkeyish studio.] All Rights Reserved.

> **Memo**　「いいね！」ボタンの設置は、生成されたコードをペーストするだけですが、ボタンがクリックされたとき、ニュースフィード上でどのように表示させるか指定する場合は、OGP設定が必要です。Facebookにログインし、「Like Button」ページの「Step 2 - Get Open Graph Tags」で、ボタンを設置したページのタイトル、タイプ、URL、ニュースフィード上に表示させたい画像、サイト名などを入力して「Get Tags」ボタンをクリック。コード（メタデータ）が生成されますので、head内に設置します。

Chapter 11

SECTION 04
Googleの「+1 ボタン」を設置しよう

ウェブページにGoogleが提供している「+1 ボタン」を設置しておくと、お奨めの情報として共有されます。Googleの検索結果にも反映されますので（誰が+1したのか表示されます）、より多くの友人や知人に広めるたい場合、大きな効果があります。

URL

+1 ボタン

https://developers.google.com/+/plugins/+1button/?hl=ja

　Googleが提供している +1 ボタン は、お奨めのウェブページを広めることができる共有機能の1つです。Google Developers のサイトにアクセスして「+1 ボタン」のページに移動します。

　ボタンのサイズ（4種類）、+1情報（ボタンに付く+1の数をどう表示するか選択）、ボタンの幅（+1情報でインラインを選択したときだけ）、言語（デフォルトで日本語が選ばれています）を設定すると、ボタンがプレビューされます。

　表示されたボタンで問題なければ、生成されたコードをHTMLファイル内の設置したい箇所にペーストしてください。なお、このページの下部に設定についての詳細な解説があります。

参考

- ➡ 2-02　HTMLの全体構造を把握しよう
- ➡ 11-02　ツイッターの投稿ボタンを設置しよう
- ➡ 11-06　ソーシャルボタンをまとめて設置しよう

「+1 ボタン」をクリックすると、(クリックした人の)Google プロフィール、ボタンが配置されているページの URL、IP アドレスなどが Google に送信されます（+1 を取り消すと送信された情報は削除されます）。詳細は、Google+ ヘルプ「+1 ボタンとプライバシーの保護」（短縮 URL: http://bit.ly/WWVVMx）を参照してください。

■ ソースコード

■ ブラウザの表示

> **Memo**
> 「+1 ボタン」によるお奨めは、すべて公開され、共有可能な情報として流通しますが、この機能を利用するには、Google プロフィールを一般公開しておく必要があります。以下の詳細ページを確認しておきましょう。
> 参考：プロフィールについて
> http://support.google.com/accounts/bin/answer.py?hl=ja&answer=97706

Chapter 11

SECTION 05 はてなブックマークのボタンを設置しよう

ウェブページに「はてなブックマークボタン」を設置しておくと、ボタンに数字が表示され、何人にブックマークされたのか確認することができます。また、ボタンをクリックすると、ブックマークに付けられたコメントを読むこともできます。

URL はてなブックマークボタンの作成・設置について

http://b.hatena.ne.jp/guide/bbutton

はてなブックマークでは、ブックマークを追加したり、コメントが読めるはてなブックマークボタンを提供しています。「はてなブックマークボタンの作成・設置について」というページが用意されており、誰でも簡単に設置できるようになっています。

まず、ボタンを設置するページのURLとページのタイトルを入力します。次に、ボタンをタイプを選択。シンプル、スタンダード、パーティカルから選びます。

タイプを選択すると、プレビューされますので問題なければ、生成されるコードをコピーして、HTMLファイル内の設置したい箇所にペーストしてください。

参考

➡ 2-02 HTMLの全体構造を把握しよう
➡ 11-02 ツイッターの投稿ボタンを設置しよう
➡ 11-06 ソーシャルボタンをまとめて設置しよう

■ソースコード

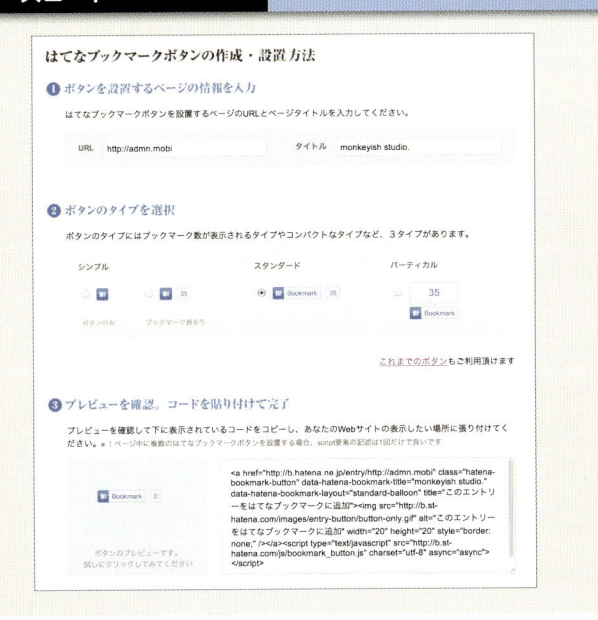

はてなブックマークボタンの作成・設置方法

❶ ボタンを設置するページの情報を入力

はてなブックマークボタンを設置するページのURLとページタイトルを入力してください。

URL　http://admn.mobi　　　タイトル　monkeyish studio.

❷ ボタンのタイプを選択

ボタンのタイプにはブックマーク数が表示されるタイプやコンパクトなタイプなど、3タイプがあります。

シンプル　　　　　　　　　スタンダード　　　　　　　バーティカル

　　　　　　　　　　　　　● Bookmark 35　　　　　　35　Bookmark

ボタンのみ　　ブックマーク数あり

これまでのボタンもご利用頂けます

❸ プレビューを確認。コードを貼り付けて完了

プレビューを確認して下に表示されているコードをコピーし、あなたのWebサイトの表示したい場所に張り付けてください。※1ページ中に複数のはてなブックマークボタンを設置する場合、script要素の記述は1回だけで良いです

```
<a href="http://b.hatena.ne.jp/entry/http://admn.mobi" class="hatena-bookmark-button" data-hatena-bookmark-title="monkeyish studio." data-hatena-bookmark-layout="standard-balloon" title="このエントリーをはてなブックマークに追加"><img src="http://b.st-hatena.com/images/entry-button/button-only.gif" alt="このエントリーをはてなブックマークに追加" width="20" height="20" style="border: none;" /></a><script type="text/javascript" src="http://b.st-hatena.com/js/bookmark_button.js" charset="utf-8" async="async"></script>
```

Bookmark 0

ボタンのプレビューです。
試しにクリックしてみてください

■ブラウザの表示

Coming soon - monkeyish studio.

Bookmark 0

©2013 [monkeyish studio.] All Rights Reserved.

> **Memo**　「はてなブックマークボタンの作成・設置について」のページには、ボタンのプレビューが表示されていますが、実際にクリックして、コメント表示（ポップアップ）を試すことが可能です。URL の入力ボックスは空欄のまま、試してみましょう。

Chapter 11

SECTION 06
ソーシャルボタンを まとめて設置しよう

ツイッターやフェイスブック、Google+、はてなブックマークなどが提供するソーシャルボタンをまとめて設置できるサービスがあります。商用サイトから個人のブログまで、幅広いユーザー層に利用されている「Zenback」を紹介しましょう。

URL

Zenback
https://zenback.jp

TwitterやFacebook、Google+、mixi、はてなブックマークなどのソーシャルボタンをまとめて設置できるサービスがあります。ここでは **Zenback** を紹介しましょう。

まず、メールアドレスとパスワードを入力して新規登録します。次に、ブログのURLを入力し、ブログ名を確認（ウェブサイトでもかまいません）。表示したい項目にチェックを入れます。項目には、ソーシャルボタン、関連する記事、Twitterでの反応、はてなブックマークでの反応、Facebookコメント、Twitterアカウントなどがあります。

設定が完了したら、生成されたコードをHTMLファイル内の設置したい箇所にペーストしてください。

参考

➡ **2-02** HTMLの全体構造を把握しよう
➡ **11-02** ツイッターの投稿ボタンを設置しよう
➡ **11-03** フェイスブックのいいね！ボタンを設置しよう

■ソースコード

スクリプトコード取得：完了

ご自身のブログのテンプレートに、以下のスクリプトコードを追加してください。

スクリプトコード

```
<!-- X:S ZenBackWidget --><script type="text/javascript">document.write(unescape("%3Cscript")+" src='http://widget.zenback.jp/?base_uri=http%3A//admn.mobi/&nsid=110315971125718492%3A%3A110316054340727650&rand="+Math.ceil((new Date()*1)*Math.random())+"' type='text/javascript'"+unescape("%3E%3C/script%3E"));</script><!-- X:E ZenBackWidget -->
```

● ブログの個別ページテンプレートの記事下やサイドバーに追加してください。（詳しく）
● 事前に利用規約にご同意の上ご利用ください

[カスタマイズ] [管理画面へ]

■ブラウザの表示

Memo
Zenback は、一度設置したソーシャルボタンを管理画面で自由にカスタマイズすることができます。Zenback を採用している商用サイトなどをチェックして、どのように運用しているのか確認してみましょう。
参考：ITmedia オルタナティブ・ブログ
http://blogs.itmedia.co.jp

付録1 HTML5のコンテンツモデル

ウェブページを構成する要素

HTML5には、ウェブページの構造を定義するための要素が用意されています（セマンティックタグと呼びます）。ページの上部に配置されるタイトルやカバー画像などは「<header>～</header>」(ヘッダ領域)、最下部に配置されるサイト管理者情報や著作権情報などは「<footer>～</footer>」(フッタ領域)、メニューなどのナビゲーションは「<nav>～</nav>」、その他、コンテンツ領域を定義する「section」や「article」「aside」などがあります。

まずは、ウェブページがどのような情報で構成されているのか確認しておきましょう。構造が明確になったら、セマンティックタグを使ってみましょう。

参考
→ 1-05 ウェブページの組み立て方を理解しよう
→ 3-08 見出しの大きさを変更しよう（CSS; font-size）

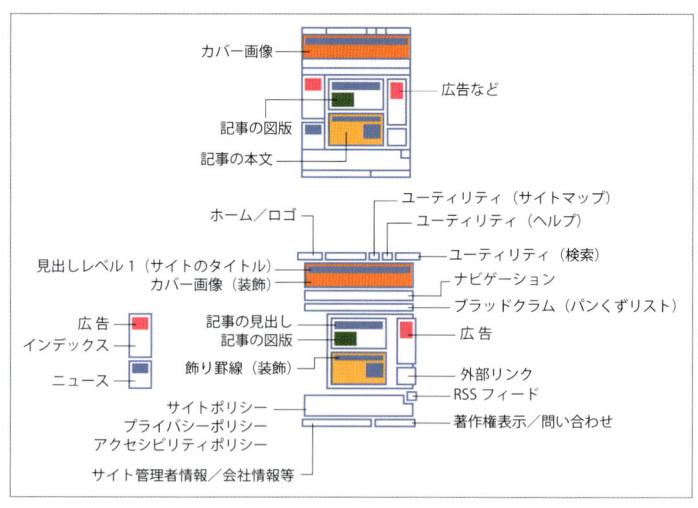

ウェブページはさまざまな情報で構成されているが、大まかにヘッダ領域（タイトル、カバー画像）、ナビゲーション領域（メニュー）、コンテンツ領域（記事など）、フッタ領域（ページ最下部の著作権表示など）などに分けることができる

Reference

HTML5 のコンテンツモデル

　HTML5 では、要素を詳細に分類しており、フロー・コンテンツ、フレージング・コンテンツ、セクショニング・コンテンツ、ヘディング・コンテンツ、エンベディット・コンテンツ、インタラクティブ・コンテンツ、メタデータ・コンテンツの7つのカテゴリーに分けています。ほとんどの要素は「フロー・コンテンツ」というカテゴリーに属します。HTML 4.01 で分類していたインライン要素に近いのが「フレージング・コンテンツ」、見出しが「ヘディング・コンテンツ」、画像の表示などが「エンベディット・コンテンツ」に分類されます。

　例えば、見出しを定義する h1 要素は、フロー・コンテンツとヘディング・コンテンツのカテゴリーに属することになります。また、画像表示の img 要素は、フロー・コンテンツとエンベディット・コンテンツです。分類がこまかくて、理解しにくいと思いますが、このカテゴリーによって、HTML5 の要素の使い方が明確になっています。

> **参考** 『**HTML5—3.2.5 Content models**』 http://www.w3.org/TR/2011/WD-html5-20110525/content-models.html#content-models
>
> 『**HTML5—A vocabulary and associated APIs for HTML and XHTML—Element content categories**』 http://www.w3.org/TR/html5/index.html#element-content-categories

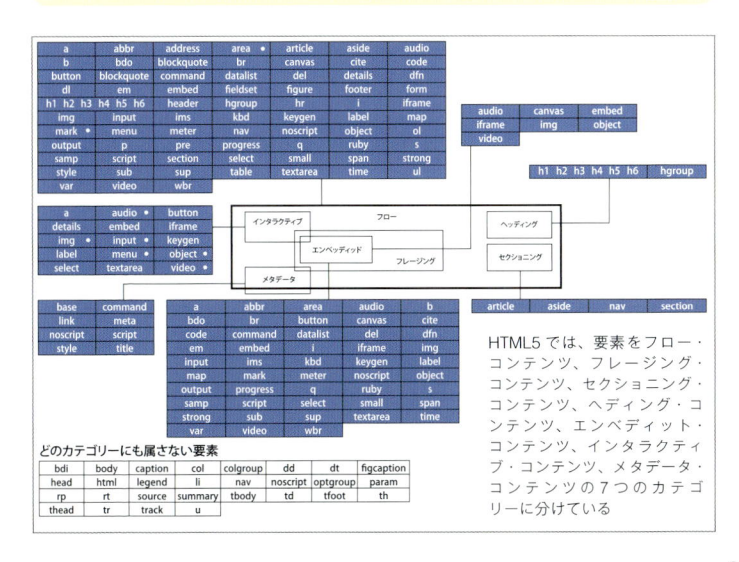

HTML5 では、要素をフロー・コンテンツ、フレージング・コンテンツ、セクショニング・コンテンツ、ヘディング・コンテンツ、エンベディット・コンテンツ、インタラクティブ・コンテンツ、メタデータ・コンテンツの7つのカテゴリーに分けている

● フロー・コンテンツ（Flow content）

大半の要素が属するカテゴリーで body の領域（<body> ～ </body>）に指定。通常のテキストも含まれる。

> **参考**
> ➡ 2-07 作成者の問い合わせ先を記述しよう（address）
> ➡ 3-02 ページの見出しを記述しよう（h1 ～ h6）
> ➡ 3-03 段落を記述しよう（p）
> ➡ 3-04 箇条書きを記述しよう（ul, li）
> ➡ 3-05 重要な語句を指定してみよう（strong）
> ➡ 3-06 文章を引用してみよう（blockquote）
> ➡ 3-07 漢字にルビを振ってみよう（ruby）
> ➡ 4-02 画像を配置しよう（img）
> ➡ 4-03 画像の情報（代替テキスト）を入力しておこう（img, alt）
> ➡ 4-04 画像のサイズをピクセルで指定しよう（width, height）
> ➡ 4-05 見出しの画像を配置しよう（h1, img）
> ➡ 4-06 キャプションを付けてみよう（figure, figcaption）
> ➡ 5-02 ～ 5-08 ハイパーリンク（a）
> ➡ 7-02 ～ 7-08 表組み（table, th, tr, td）
> ➡ 8-02 1 行のテキスト入力欄を指定してみよう（input）
> ➡ 8-04 汎用ボタンを指定してみよう（button）
> ➡ 8-05 複数行のテキスト入力欄を指定してみよう（textarea）
> ➡ 8-07 複数のテキスト入力欄をグループにして見出しを付けよう（fieldset, legend）
> ➡ 8-09 選択メニューを指定してみよう（select, option）
> ➡ 9-02 ページに動画を配置しよう（video）
> ➡ 9-05 ページに音声を配置しよう（audio）
> ➡ 9-07 ページに Flash アニメーションを配置しよう（object）

Reference

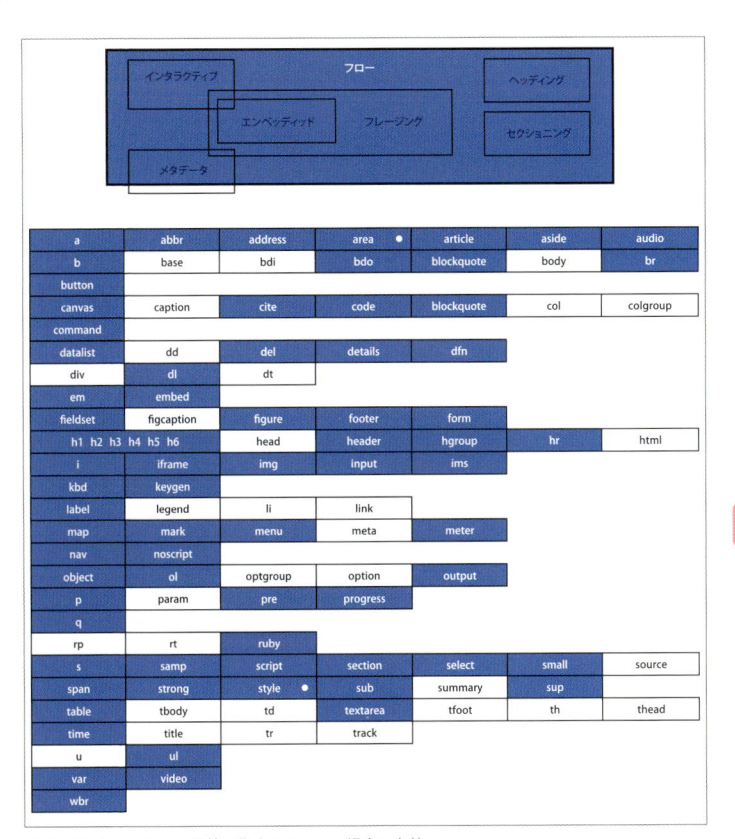

[カテゴリ図: インタラクティブ / フロー / ヘッディング / エンベッディッド / フレージング / セクショニング / メタデータ]

a	abbr	address	area ●	article	aside	audio
b	base	bdi	bdo	blockquote	body	br
button						
canvas	caption	cite	code	blockquote	col	colgroup
command						
datalist	dd	del	details	dfn		
div	dl	dt				
em	embed					
fieldset	figcaption	figure	footer	form		
h1 h2 h3 h4 h5 h6	head	header	hgroup	hr	html	
i	iframe	img	input	ims		
kbd	keygen					
label	legend	li	link			
map	mark	menu	meta	meter		
nav	noscript					
object	ol	optgroup	option	output		
p	param	pre	progress			
q						
rp	rt	ruby				
s	samp	script	section	select	small	source
span	strong	style ●	sub	summary	sup	
table	tbody	td	textarea	tfoot	th	thead
time	title	tr	track			
u	ul					
var	video					
wbr						

※ area 要素は、scope 属性が指定されている場合に有効
※ style 要素は、map 要素に含まれている場合に有効

付録

● メタデータ・コンテンツ（Metadata content）

ブラウザ上に表示されるページの内容ではなく、ウェブサイトの情報や他のページとの関係性を定義する要素。

参考 ➡ 2-05 キーワードを入力しよう（meta）

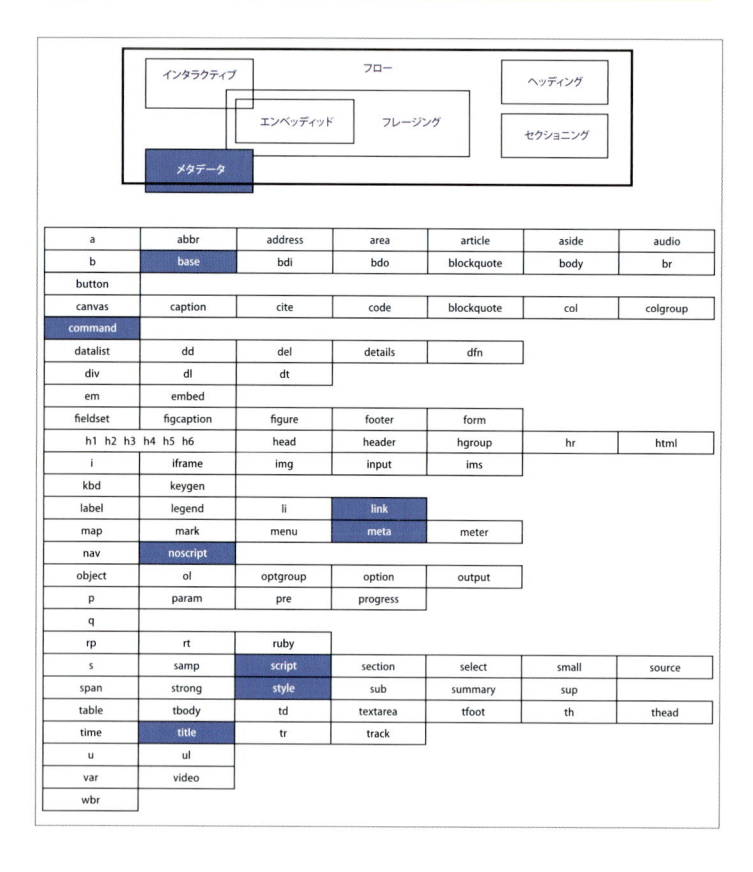

a	abbr	address	area	article	aside	audio
b	**base**	bdi	bdo	blockquote	body	br
button						
canvas	caption	cite	code	blockquote	col	colgroup
command						
datalist	dd	del	details	dfn		
div	dl	dt				
em	embed					
fieldset	figcaption	figure	footer	form		
h1 h2 h3 h4 h5 h6	head	header	hgroup		hr	html
i	iframe	img	input	ims		
kbd	keygen					
label	legend	li	**link**			
map	mark	menu	**meta**	meter		
nav	**noscript**					
object	ol	optgroup	option	output		
p	param	pre	progress			
q						
rp	rt	ruby				
s	samp	**script**	section	select	small	source
span	strong	**style**	sub	summary	sup	
table	tbody	td	textarea	tfoot	th	thead
time	**title**	tr	track			
u	ul					
var	video					
wbr						

Reference

● ヘッディング・コンテンツ（Heading content）

見出し（大見出し、中見出し、小見出し、見出しのグループなど）に関する要素。

参考 ➡ 3-02 ページの見出しを記述しよう（h1～h6）
　　　 ➡ 4-05 見出しの画像を配置しよう（h1, img）

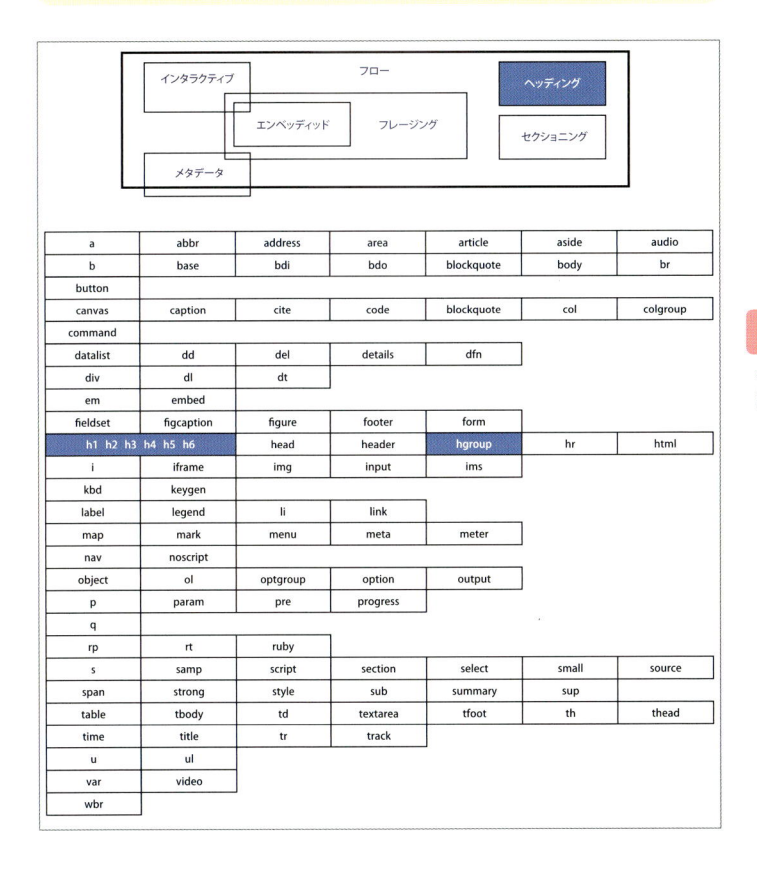

a	abbr	address	area	article	aside	audio
b	base	bdi	bdo	blockquote	body	br
button						
canvas	caption	cite	code	blockquote	col	colgroup
command						
datalist	dd	del	details	dfn		
div	dl	dt				
em	embed					
fieldset	figcaption	figure	footer	form		
h1 h2 h3 h4 h5 h6	head	header	hgroup	hr	html	
i	iframe	img	input	ims		
kbd	keygen					
label	legend	li	link			
map	mark	menu	meta	meter		
nav	noscript					
object	ol	optgroup	option	output		
p	param	pre	progress			
q						
rp	rt	ruby				
s	samp	script	section	select	small	source
span	strong	style	sub	summary	sup	
table	tbody	td	textarea	tfoot	th	thead
time	title	tr	track			
u	ul					
var	video					
wbr						

付録

● セクショニング・コンテンツ（Sectioning content）

ウェブページの構造（セクション、ナビゲーションなど）を決める要素。

> **参考** 本書では扱っていません

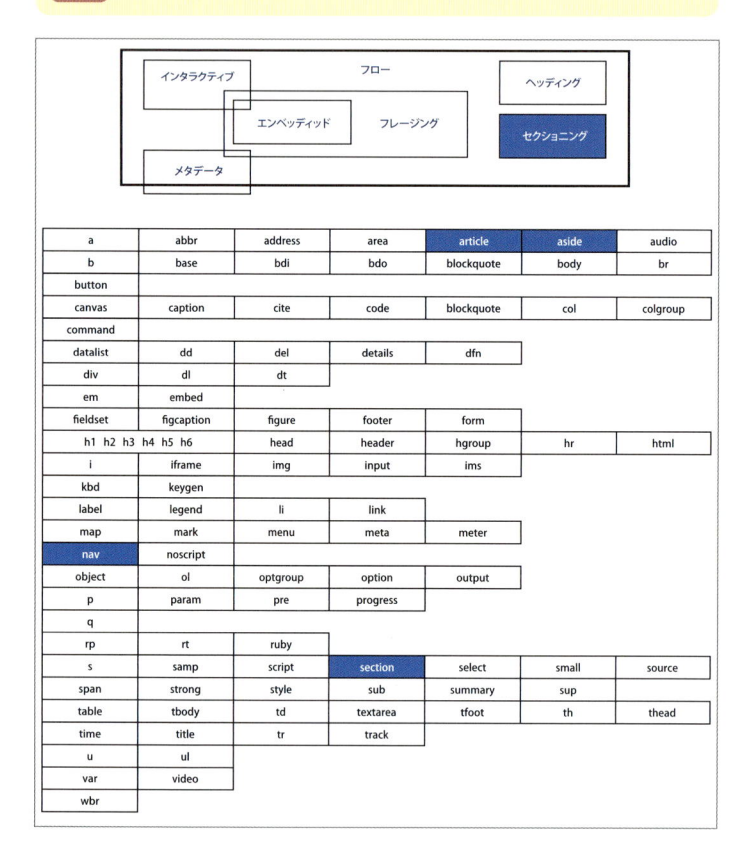

a	abbr	address	area	**article**	**aside**	audio
b	base	bdi	bdo	blockquote	body	br
button						
canvas	caption	cite	code	blockquote	col	colgroup
command						
datalist	dd	del	details	dfn		
div	dl	dt				
em	embed					
fieldset	figcaption	figure	footer	form		
h1 h2 h3 h4 h5 h6	head	header	hgroup		hr	html
i	iframe	img	input	ims		
kbd	keygen					
label	legend	li	link			
map	mark	menu	meta		meter	
nav	noscript					
object	ol	optgroup	option	output		
p	param	pre	progress			
q						
rp	rt	ruby				
s	samp	script	**section**	select	small	source
span	strong	style	sub	summary	sup	
table	tbody	td	textarea	tfoot	th	thead
time	title	tr	track			
u	ul					
var	video					
wbr						

Reference

● フレージング・コンテンツ（Phrasing content）

ウェブページの行に挿入されるハイパーリンクや画像、外部メディアなどに関する要素。通常のテキストも含まれる。

> **参考** ➡ 3-05 重要な語句を指定してみよう（strong）
> ➡ 3-07 漢字にルビを振ってみよう（ruby）
> ➡ 4-02 画像を配置しよう（img）
> ➡ 4-03 画像の情報（代替テキスト）を入力しておこう（img, alt）
> ➡ 4-04 画像のサイズをピクセルで指定しよう（width, height）
> ➡ 4-05 見出しの画像を配置しよう（h1, img）
> ➡ 5-02 〜 5-08 ハイパーリンク（a）
> ➡ 8-02 1 行のテキスト入力欄を指定してみよう（input）
> ➡ 8-04 汎用ボタンを指定してみよう（button）
> ➡ 8-05 複数行のテキスト入力欄を指定してみよう（textarea）
> ➡ 8-09 選択メニューを指定してみよう（select, option）
> ➡ 9-02 ページに動画を配置しよう（video）
> ➡ 9-05 ページに音声を配置しよう（audio）
> ➡ 9-07 ページに Flash アニメーションを配置しよう（object）

付録

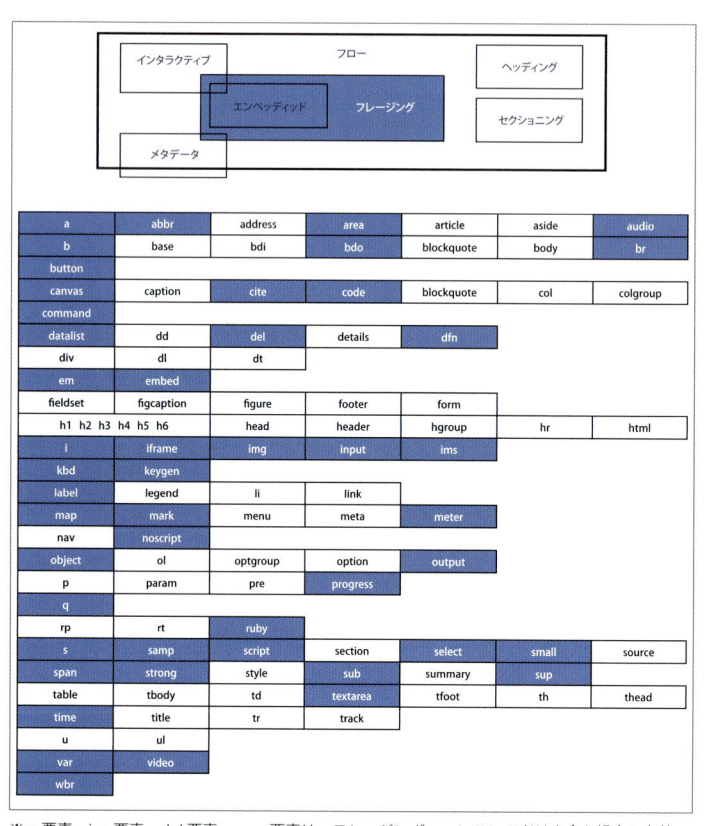

```
┌─────────────────────┬──────────────────────────────────┬──────────────┐
│ インタラクティブ     │            フロー                │  ヘッディング │
│            ┌────────┴──────────┐                       ├──────────────┤
│            │ エンベッディッド  │  フレージング         │  セクショニング│
│            └───────────────────┘                       │              │
│   メタデータ                                           │              │
└─────────────────────┴──────────────────────────────────┴──────────────┘
```

a	abbr	address	area	article	aside	audio
b	base	bdi	bdo	blockquote	body	br
button						
canvas	caption	cite	code	blockquote	col	colgroup
command						
datalist	dd	del	details	dfn		
div	dl	dt				
em	embed					
fieldset	figcaption	figure	footer	form		
h1 h2 h3 h4 h5 h6	head	header	hgroup		hr	html
i	iframe	img	input	ims		
kbd	keygen					
label	legend	li	link			
map	mark	menu	meta	meter		
nav	noscript					
object	ol	optgroup	option	output		
p	param	pre	progress			
q						
rp	rt	ruby				
s	samp	script	section	select	small	source
span	strong	style	sub	summary	sup	
table	tbody	td	textarea	tfoot	th	thead
time	title	tr	track			
u	ul					
var	video					
wbr						

※ a 要素、ins 要素、del 要素、map 要素は、フレージング・コンテンツだけを含む場合に有効
※ area 要素は、map 要素に含まれる場合に有効

Reference

● エンベッディド・コンテンツ（Embedded content）

ウェブページに画像や動画、音声などの外部のメディアを埋め込むための要素。

> **参考**
> ➡ 4-02 画像を配置しよう（img）
> ➡ 4-03 画像の情報（代替テキスト）を入力しておこう（img, alt）
> ➡ 4-04 画像のサイズをピクセルで指定しよう（width, height）
> ➡ 4-05 見出しの画像を配置しよう（h1, img）
> ➡ 9-02 ページに動画を配置しよう（video）
> ➡ 9-05 ページに音声を配置しよう（audio）
> ➡ 9-07 ページに Flash アニメーションを配置しよう（object）

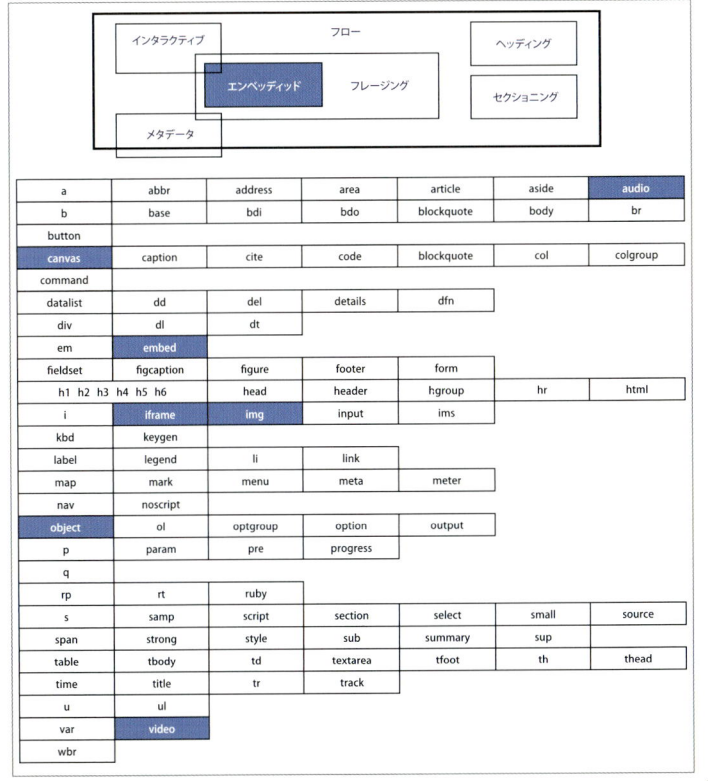

a	abbr	address	area	article	aside	audio
b	base	bdi	bdo	blockquote	body	br
button						
canvas	caption	cite	code	blockquote	col	colgroup
command						
datalist	dd	del	details	dfn		
div	dl	dt				
em	embed					
fieldset	figcaption	figure	footer	form		
h1 h2 h3 h4 h5 h6		head	header	hgroup	hr	html
i	iframe	img	input	ims		
kbd	keygen					
label	legend	li	link			
map	mark	menu	meta	meter		
nav	noscript					
object	ol	optgroup	option	output		
p	param	pre	progress			
q						
rp	rt	ruby				
s	samp	script	section	select	small	source
span	strong	style	sub	summary	sup	
table	tbody	td	textarea	tfoot	th	thead
time	title	tr	track			
u	ul					
var	video					
wbr						

付録

● **インタラクティブ・コンテンツ（Interactive content）**

　ハイパーリンクやフォームに関する要素で、利用者がクリックなどの操作をすることで動作するもの。

> **参考**
> ➡ 4-02　画像を配置しよう（img）
> ➡ 4-03　画像の情報（代替テキスト）を入力しておこう（img, alt）
> ➡ 4-04　画像のサイズをピクセルで指定しよう（width, height）
> ➡ 4-05　見出しの画像を配置しよう（h1, img）
> ➡ 5-02 〜 5-08　ハイパーリンク（a）
> ➡ 8-02　1 行のテキスト入力欄を指定してみよう（input）
> ➡ 8-04　汎用ボタンを指定してみよう（button）
> ➡ 8-05　複数行のテキスト入力欄を指定してみよう（textarea）
> ➡ 8-09　選択メニューを指定してみよう（select, option）
> ➡ 9-02　ページに動画を配置しよう（video）
> ➡ 9-05　ページに音声を配置しよう（audio）
> ➡ 9-07　ページに Flash アニメーションを配置しよう（object）

Reference

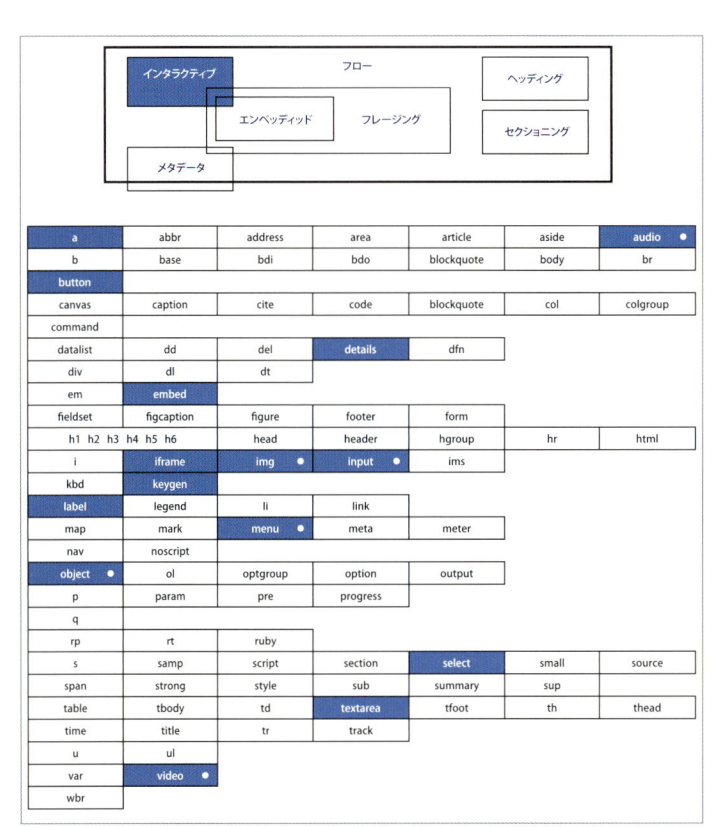

```
┌─────────────────────────────────────────────────────────────┐
│  ┌─────────────────┐     フロー                              │
│  │ インタラクティブ │   ┌──────────────┐  ┌──────────┐       │
│  │         ┌───────┼───┤              │  │ ヘッディング│      │
│  │         │ エンベッディッド │ フレージング │  └──────────┘      │
│  │         └───────┼───┤              │  ┌──────────┐       │
│  │ ┌────────┐      │   └──────────────┘  │ セクショニング│     │
│  │ │ メタデータ │   │                      └──────────┘       │
│  └─┴────────┴─────┘                                          │
└─────────────────────────────────────────────────────────────┘
```

a	abbr	address	area	article	aside	audio ●
b	base	bdi	bdo	blockquote	body	br
button						
canvas	caption	cite	code	blockquote	col	colgroup
command						
datalist	dd	del	details	dfn		
div	dl	dt				
em	embed					
fieldset	figcaption	figure	footer	form		
h1 h2 h3 h4 h5 h6	head	header	hgroup	hr	html	
i	iframe	img ●	input ●	ims		
kbd	keygen					
label	legend	li	link			
map	mark	menu ●	meta	meter		
nav	noscript					
object ●	ol	optgroup	option	output		
p	param	pre	progress			
q						
rp	rt	ruby				
s	samp	script	section	select	small	source
span	strong	style	sub	summary	sup	
table	tbody	td	textarea	tfoot	th	thead
time	title	tr	track			
u	ul					
var	video ●					
wbr						

※ img 要素、object 要素は、usemap 属性が指定されている場合に有効
※ video 要素、audio 要素は、controls 属性が指定されている場合に有効
※ input 要素は、type 属性に hidden が指定されていない場合に有効
※ menu 要素は、type 属性に toolbar を指定している場合に有効

付録

● どのカテゴリーにも属さないコンテンツ

> **参考**
> ➡ 2-02 HTML の全体構造を把握しよう（html, body）
> ➡ 2-04 ウェブページのタイトルを付けよう（head）
> ➡ 3-04 箇条書きを記述しよう（ul, li）
> ➡ 4-06 キャプションを付けてみよう（figure, figcaption）
> ➡ 7-02 基本的な表組みを指定してみよう（table, tr, th, td）
> ➡ 7-05 上下のセルを結合しよう（td）
> ➡ 7-06 左右のセルを結合しよう（td）

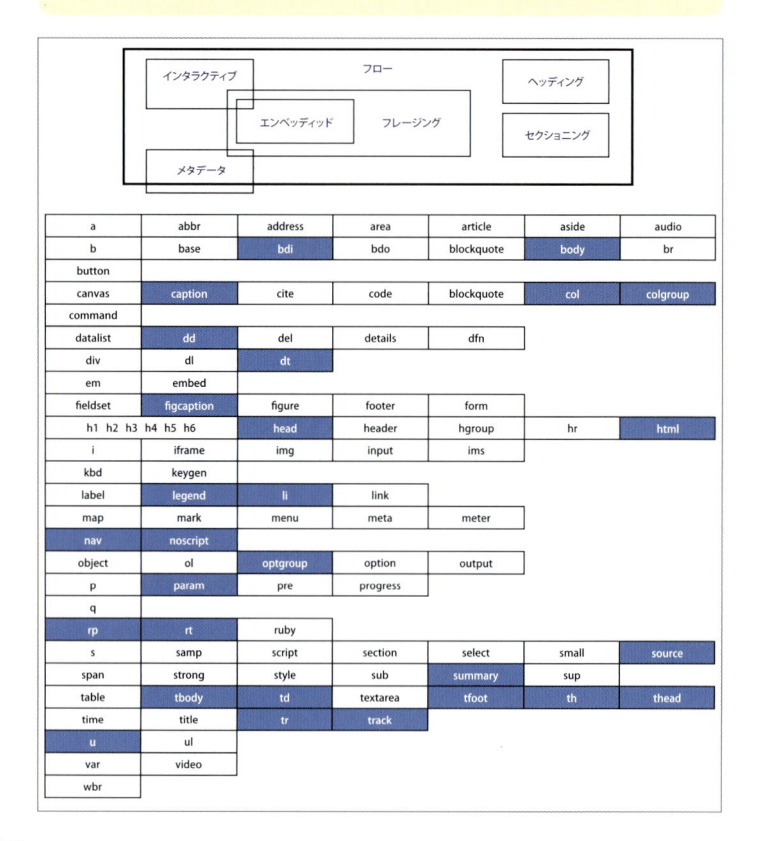

[カテゴリー分類図：インタラクティブ、フロー、ヘッディング、エンベッディッド、フレージング、セクショニング、メタデータ]

a	abbr	address	area	article	aside	audio
b	base	**bdi**	bdo	blockquote	**body**	br
button						
canvas	**caption**	cite	code	blockquote	**col**	**colgroup**
command						
datalist	**dd**	del	details	dfn		
div	dl	**dt**				
em	embed					
fieldset	**figcaption**	figure	footer	form		
h1 h2 h3 h4 h5 h6	**head**	header	hgroup	hr	**html**	
i	iframe	img	input	ims		
kbd	keygen					
label	**legend**	**li**	link			
map	mark	menu	meta	meter		
nav	noscript					
object	ol	**optgroup**	option	output		
p	**param**	pre	progress			
q						
rp	**rt**	ruby				
s	samp	script	section	select	small	**source**
span	strong	style	sub	**summary**	sup	
table	**tbody**	**td**	textarea	**tfoot**	**th**	**thead**
time	title	**tr**	**track**			
u	ul					
var	video					
wbr						

付録2 CSS リファレンス（フォント、色）

フォント

　ウェブデザインでは、紙媒体のような正確な文字指定はできません。利用者の閲覧環境（パソコンの OS やインストールされているフォントなど）によって、どうしても意図しない表示になってしまう場合があるからです。同じブラウザを使っていても、Windows と Mac OS X では、見栄えが異なるように、CSS の指定だけでは対処できません。明朝系か、ゴシック系か、といった最低限の制御と、可読性が低下しないようにデザインすることが重要になります。文字が小さすぎたり、行間が詰まっていると可読性が低下しますので、文字サイズ（font-size プロパティ）や行高（line-height プロパティ）の指定がポイントになります。

● 見出しのデフォルトスタイル

> **参考** ➡ 3-02 ページの見出しを記述しよう（h1 ～ h6）

ウェブの役割について理解しよう \<h1>

ウェブの役割について理解しよう \<h2>

ウェブの役割について理解しよう \<h3>

ウェブの役割について理解しよう \<h4>

ウェブの役割について理解しよう \<h5>

ウェブの役割について理解しよう \<h6>

---

h1, h2, h3, h4, h5, h6 要素を指定して、ブラウザで表示した結果

● フォントサイズの指定（キーワード）

フォントサイズの指定には、以下の7つのキーワードが使用できます。
- xx-small, x-small, small（小さくなる）
- medium（標準サイズ）
- large, x-large, xx-large（大きくなる）

親要素に対して相対的な大きさを指定する場合は以下です。
- smaller（1段階小さく）
- larger（1段階大きく）

```
p { font-size: smail; }
```

参考 ➡ 3-08 見出しの大きさを変更しよう（CSS; font-size）

ウェブの役割について理解しよう inherit

ウェブの役割について理解しよう xx-small

ウェブの役割について理解しよう x-small

ウェブの役割について理解しよう small

ウェブの役割について理解しよう medium

ウェブの役割について理解しよう large

ウェブの役割について理解しよう x-large

ウェブの役割について理解しよう xx-large

Reference

● フォントサイズの指定 (em)

```
p { font-size: 1.6em; }
```

参考 ➡ 3-08 見出しの大きさを変更しよう（CSS; font-size）

ウェブの役割について理解しよう 0.6em

ウェブの役割について理解しよう 0.8em

ウェブの役割について理解しよう 1em

ウェブの役割について理解しよう 1.2em

ウェブの役割について理解しよう 1.4em

ウェブの役割について理解しよう 1.6em

ウェブの役割について理解しよう 1.8em

ウェブの役割について理解しよう 2em

ウェブの役割について理解しよう 2.2em

ウェブの役割について理解しよう 2.4em

● 行高の指定

```
p { font-size: 1.6em; line-height:2em; }
```

> **参考** ➡ **3-10** 行と行の間隔を調整してみよう（CSS;line-height）

> 私たちは、電子書籍を「マシンリーダブルな本」と定義しています。紙の本との大きな違いは、機械が本の内容を解釈できることです。電子書籍は「構造化」と「メタデータ」によって、有益なデジタル資源になり、紙を模倣することも、紙から離れてまったく新しいコンテンツに拡張することもできます。電子書籍はマシンリーダブルかつシンプルなデータにして永続性を保ち、（時代とともに進化していく）外側のテクノロジーで拡張していくことが重要だと思います。

line-height:1em;

> 私たちは、電子書籍を「マシンリーダブルな本」と定義しています。紙の本との大きな違いは、機械が本の内容を解釈できることです。電子書籍は「構造化」と「メタデータ」によって、有益なデジタル資源になり、紙を模倣することも、紙から離れてまったく新しいコンテンツに拡張することもできます。電子書籍はマシンリーダブルかつシンプルなデータにして永続性を保ち、（時代とともに進化していく）外側のテクノロジーで拡張していくことが重要だと思います。

line-height:1.2em;

> 私たちは、電子書籍を「マシンリーダブルな本」と定義しています。紙の本との大きな違いは、機械が本の内容を解釈できることです。電子書籍は「構造化」と「メタデータ」によって、有益なデジタル資源になり、紙を模倣することも、紙から離れてまったく新しいコンテンツに拡張することもできます。電子書籍はマシンリーダブルかつシンプルなデータにして永続性を保ち、（時代とともに進化していく）外側のテクノロジーで拡張していくことが重要だと思います。

line-height:1.4em;

> 私たちは、電子書籍を「マシンリーダブルな本」と定義しています。紙の本との大きな違いは、機械が本の内容を解釈できることです。電子書籍は「構造化」と「メタデータ」によって、有益なデジタル資源になり、紙を模倣することも、紙から離れてまったく新しいコンテンツに拡張することもできます。電子書籍はマシンリーダブルかつシンプルなデータにして永続性を保ち、（時代とともに進化していく）外側のテクノロジーで拡張していくことが重要だと思います。

line-height:1.6em;

> 私たちは、電子書籍を「マシンリーダブルな本」と定義しています。紙の本との大きな違いは、機械が本の内容を解釈できることです。電子書籍は「構造化」と「メタデータ」によって、有益なデジタル資源になり、紙を模倣することも、紙から離れてまったく新しいコンテンツに拡張することもできます。電子書籍はマシンリーダブルかつシンプルなデータにして永続性を保ち、（時代とともに進化していく）外側のテクノロジーで拡張していくことが重要だと思います。

line-height:1.8em;

> 私たちは、電子書籍を「マシンリーダブルな本」と定義しています。紙の本との大きな違いは、機械が本の内容を解釈できることです。電子書籍は「構造化」と「メタデータ」によって、有益なデジタル資源になり、紙を模倣することも、紙から離れてまったく新しいコンテンツに拡張することもできます。電子書籍はマシンリーダブルかつシンプルなデータにして永続性を保ち、（時代とともに進化していく）外側のテクノロジーで拡張していくことが重要だと思います。

line-height:2em;

Reference

● 行揃えの指定

```
p { text-align:right; }
```

参考 ➡ **6-07** 見出しを中央揃えにしよう（CSS; text-align）

第3章　構造デザイン

私たちは、電子書籍を「マシンリーダブルな本」と定義しています。紙の本との大きな違いは、機械が本の内容を解釈できることです。電子書籍は「構造化」と「メタデータ」によって、有益なデジタル資源になり、紙を模倣することも、紙から離れてまったく新しいコンテンツに拡張することもできます。電子書籍はマシンリーダブルかつシンプルなデータにして永続性を保ち、外側のテクノロジーで拡張していくことが重要だと思います。

指定なし（デフォルト）

第3章　構造デザイン

私たちは、電子書籍を「マシンリーダブルな本」と定義しています。紙の本との大きな違いは、機械が本の内容を解釈できることです。電子書籍は「構造化」と「メタデータ」によって、有益なデジタル資源になり、紙を模倣することも、紙から離れてまったく新しいコンテンツに拡張することもできます。電子書籍はマシンリーダブルかつシンプルなデータにして永続性を保ち、外側のテクノロジーで拡張していくことが重要だと思います。

text-align:left;

第3章　構造デザイン

私たちは、電子書籍を「マシンリーダブルな本」と定義しています。紙の本との大きな違いは、機械が本の内容を解釈できることです。電子書籍は「構造化」と「メタデータ」によって、有益なデジタル資源になり、紙を模倣することも、紙から離れてまったく新しいコンテンツに拡張することもできます。電子書籍はマシンリーダブルかつシンプルなデータにして永続性を保ち、外側のテクノロジーで拡張していくことが重要だと思います。

text-align:center;

第3章　構造デザイン

私たちは、電子書籍を「マシンリーダブルな本」と定義しています。紙の本との大きな違いは、機械が本の内容を解釈できることです。電子書籍は「構造化」と「メタデータ」によって、有益なデジタル資源になり、紙を模倣することも、紙から離れてまったく新しいコンテンツに拡張することもできます。電子書籍はマシンリーダブルかつシンプルなデータにして永続性を保ち、外側のテクノロジーで拡張していくことが重要だと思います。

text-align:right;

● 字体の指定

```
font-family: ans-serif;
```

参考 ➡ 3-09 字体を変更しよう（CSS; font-family）

> 私たちは、電子書籍を「マシンリーダブルな本」と定義しています。紙の本との大きな違いは、機械が本の内容を解釈できることです。電子書籍は「構造化」と「メタデータ」によって、有益なデジタル資源になり、紙を模倣することも、紙から離れてまったく新しいコンテンツに拡張することもできます。電子書籍はマシンリーダブルかつシンプルなデータにして永続性を保ち、外側のテクノロジーで拡張していくことが重要だと思います。

指定なし（デフォルト）

> 私たちは、電子書籍を「マシンリーダブルな本」と定義しています。紙の本との大きな違いは、機械が本の内容を解釈できることです。電子書籍は「構造化」と「メタデータ」によって、有益なデジタル資源になり、紙を模倣することも、紙から離れてまったく新しいコンテンツに拡張することもできます。電子書籍はマシンリーダブルかつシンプルなデータにして永続性を保ち、外側のテクノロジーで拡張していくことが重要だと思います。

font-family:" ヒラギノ角ゴ Pro W3", "Hiragino Kaku Gothic Pro", " メイリオ ", Meiryo, Osaka, "ＭＳ Ｐゴシック ", "MS PGothic", sans-serif;

> 私たちは、電子書籍を「マシンリーダブルな本」と定義しています。紙の本との大きな違いは、機械が本の内容を解釈できることです。電子書籍は「構造化」と「メタデータ」によって、有益なデジタル資源になり、紙を模倣することも、紙から離れてまったく新しいコンテンツに拡張することもできます。電子書籍はマシンリーダブルかつシンプルなデータにして永続性を保ち、外側のテクノロジーで拡張していくことが重要だと思います。

font-family:" ＭＳ Ｐ明朝 ", "MS PMincho", " ヒラギノ明朝 Pro W3", "Hiragino Mincho Pro", serif;

● テキストの囲み

```
border: 1px solid #666;
```

参考 ➡ 4-08 画像に枠線を付けてみよう（CSS; border）
➡ 6-05 ページ全体に枠線を付けてみよう（CSS; border）
➡ 7-04 表組みの枠線の太さを変更してみよう
➡ 7-08 セル内と枠線に色を設定してみよう

Reference

テキストの囲みを表現［標準］

border: 1px solid #666;

テキストの囲みを表現［線の太さ］

border: 4px solid #666;

テキストの囲みを表現［線のカラー］

border: 1px solid #f00;

テキストの囲みを表現［線のスタイル］

border: 1px dotted #666;

テキストの囲みを表現［複数の指定］

border-top: 4px solid #296;
border-right: 1px dotted #296;
border-bottom: 1px dotted #296;
border-left: 12px solid #296;

テキストの囲みを表現［複数の指定］

border-top: 2px solid #269;
border-bottom: 4px double #269;
border-left: 1px solid #269;

border-top: 18px solid #f00;
border-right: 18px solid #0c0;
border-bottom: 18px solid #00f;
border-left: 18px solid #fc0;

border-top: 18px dotted #f00;
border-right: 18px dotted #0c0;
border-bottom: 18px dotted #00f;
border-left: 18px dotted #fc0;

border-top: 18px dashed #f00;
border-right: 18px dashed #0c0;
border-bottom: 18px dashed #00f;
border-left: 18px dashed #fc0;

border-top: 18px double #f00;
border-right: 18px double #0c0;
border-bottom: 18px double #00f;
border-left: 18px double #fc0;

付録

色

　CSSで色を表現する場合は、colorプロパティ（文字の色）、background-colorプロパティ（背景の色）、border-colorプロパティ（枠線の色）を使い、色名（カラーネーム）、もしくは16進のカラーコード、10進のRGB値で指定します。使用できる色名と16進のカラーコードは「色見本の一覧」をご覧ください。10進のRGB値は、「rgb(255, 0, 0)」のように記述します。赤（0〜255）、緑（0〜255）、青（0〜255）の組み合わせです。また、0〜1の範囲で不透明度も指定することができます。例えば、「RGB(255, 0, 0, 0.5)」と指定した場合、赤で塗られた領域が50％の不透明度になります。

● CSSで色を指定する方法（色名、カラーコード、RGB値）

色名（カラーネーム）

```
p { color: red; }
```

16進のカラーコード

```
p { color: #FF0000; }
```

10進のRGB値

```
p { color: rgb(255, 0, 0); }
```

> **参考** ➡ 4-10 ページ全体に背景パターンを表示させよう（CSS; background）
> ➡ 7-08 セル内と枠線に色を設定してみよう

Reference

● 色見本の一覧（色名・16進のカラーコード）

white（ホワイト） #FFFFFF	
whitesmoke（ホワイトスモーク） #F5F5F5	
gainsboro（ゲインズボロ） #DCDCDC	
lightgrey（ライトグレー） #D3D3D3	
silver（シルバー） #C0C0C0	
darkgray（ダークグレー） #A9A9A9	
gray（グレー） #808080	
dimgray（ディムグレー） #696969	
black（ブラック） #000000	
red（レッド） #FF0000	
orangered（オレンジレッド） #FF4500	
tomato（トマト） #FF6347	
coral（コーラル） #FF7F50	
salmon（サーモン） #FA8072	
lightsalmon（ライトサーモン） #FFA07A	
darksalmon（ダークサーモン） #E9967A	
peru（ペルー） #CD853F	
saddlebrown（サドルブラウン） #8B4513	
sienna（シェンナ） #A0522D	
chocolate（チョコレート） #D2691E	
sandybrown（サンディブラウン） #F4A460	
darkred（ダークレッド） #8B0000	
maroon（マルーン） #800000	
brown（ブラウン） #A52A2A	
firebrick（ファイアブリック） #B22222	
crimson（クリムゾン） #DC143C	
indianred（ハニーデュー） #CD5C5C	
lightcoral（ライトコーラル） #F08080	

rosybrown（ロージーブラウン）#BC8F8F	
palevioletred（ペイルバイオレットレッド）#DB7093	
deeppink（ディープピンク）#FF1493	
hotpink（ホットピンク）#FF69B4	
lightpink（ライトピンク）#FFB6C1	
pink（ピンク）#FFC0CB	
mistyrose（ミスティローズ）#FFE4E1	
linen（ライム）#FAF0E6	
seashell（シーシェル）#FFF5EE	
lavenderblush（ラベンダーブラッシュ）#FFF0F5	
yellow（イエロー）#FFFF00	
gold（ゴールド）#FFD700	
orange（オレンジ）#FFA500	
darkorange（ダークオレンジ）#FF8C00	
goldenrod（ゴールデンロッド）#DAA520	
darkgoldenrod（ダークゴールデンロッド）#B8860B	
darkkhaki（ダークカーキ）#BDB76B	
burlywood（バリーウッド）#DEB887	
tan（タン）#D2B48C	
khaki（カーキ）#F0E68C	
peachpuff（ピーチパフ）#FFDAB9	
navajowhite（ナバホホワイト）#FFDEAD	
palegoldenrod（ペイルゴールデンロッド）#EEE8AA	
moccasin（モカシン）#FFE4B5	
wheat（ウィート）#F5DEB3	
bisque（ビスク）#FFE4C4	
blanchedalmond（ブランチアーモンド）#FFEBCD	
papayawhip（パパイヤホイップ）#FFEFD5	

Reference

cornsilk（コーンシルク）#FFF8DC	
lightyellow（ライトイエロー）#FFFFE0	
lightgoldenrodyellow（ライトゴールデンロドイエロー）#FAFAD2	
lemonchiffon（レモンシフォン）#FFFACD	
antiquewhite（アンティークホワイト）#FAEBD7	
beige（ベージュ）#F5F5DC	
oldlace（オールドレース）#FDF5E6	
ivory（アイボリー）#FFFFF0	
floralwhite（フローラルホワイト）#FFFAF0	
greenyellow（グリーンイエロー）#ADFF2F	
yellowgreen（イエローグリーン）#9ACD32	
olive（オリーブ）#808000	
darkolivegreen（ダークオリーブグリーン）#556B2F	
olivedrab（オリーブドラブ）#6B8E23	
chartreuse（シャルトルーズ）#7FFF00	
lawngreen（ローングリーン）#7CFC00	
lime（ライム）#00FF00	
limegreen（ライムグリーン）#32CD32	
forestgreen（フォレストグリーン）#228B22	
green（グリーン）#008000	
darkgreen（ダークグリーン）#006400	
seagreen（シーグリーン）#2E8B57	
mediumseagreen（ミディアムシーグリーン）#3CB371	
darkseagreen（ダークシーグリーン）#8FBC8F	
lightgreen（ライトグリーン）#90EE90	
palegreen（ペイルグリーン）#98FB98	
springgreen（スプリンググリーン）#00FF7F	
mediumspringgreen（ミディアムスプリンググリーン）#00FA9A	

付録

honeydew(ハニーデュー)#F0FFF0	
mintcream(ミントクリーム)#F5FFFA	
azure(アジャー(アズール))#F0FFFF	
lightcyan(ライトシアン)#E0FFFF	
aliceblue(アリスブルー)#F0F8FF	
darkslategray(ダークスレートグレー)#2F4F4F	
steelblue(スチールブルー)#4682B4	
mediumaquamarine(ミディアムアクアマリン)#66CDAA	
aquamarine(アクアマリン)#7FFFD4	
mediumturquoise(ミディアムターコイズ)#48D1CC	
turquoise(ターコイズ)#40E0D0	
lightseagreen(ライトシーグリーン)#20B2AA	
darkcyan(ダークシアン)#008B8B	
teal(ティール)#008080	
cadetblue(カデットブルー)#5F9EA0	
darkturquoise(ダークターコイズ)#00CED1	
aqua(アクア)#F0FFFF	
cyan(シアン)#00FFFF	
lightblue(ライトブルー)#ADD8E6	
powderblue(パウダーブルー)#B0E0E6	
paleturquoise(ペイルターコイズ)#AFEEEE	
skyblue(スカイブルー)#87CEEB	
lightskyblue(ライトスカイブルー)#87CEFA	
deepskyblue(ディープスカイブルー)#00BFFF	
dodgerblue(ドッジャーブルー)#1E90FF	
ghostwhite(ゴーストホワイト)#F8F8FF	
lavender(ラベンダー)#E6E6FA	
lightsteelblue(ライトスレートブルー)#B0C4DE	

Reference

slategray（スレートグレー）#708090	
lightslategray（ライトスレートグレー）#778899	
indigo（インディゴ）#4B0082	
darkslateblue（ダークスレートブルー）#483D8B	
lightsteelblue（ライトスレートブルー）#B0C4DE	
midnightblue（ミッドナイトブルー）#191970	
navy（ネイビー）#000080	
darkblue（ダークブルー）#00008B	
slateblue（スレートブルー）#6A5ACD	
mediumslateblue（ミディアムスレートブルー）#7B68EE	
cornflowerblue（コーンフラワーブルー）#6495ED	
royalblue（ロイヤルブルー）#4169E1	
mediumblue（ミディアムブルー）#0000CD	
blue（ブルー）#0000FF	
thistle（シスル）#D8BFD8	
plum（プラム）#DDA0DD	
orchid（オーキッド）#DA70D6	
violet（バイオレット）#EE82EE	
fuchsia（フクシア）#FF00FF	
magenta（マゼンタ）#FF00FF	
mediumpurple（ミディアムパープル）#9370DB	
mediumorchid（ミディアムオーキッド）#BA55D3	
darkorchid（ダークオーキッド）#9932CC	
blueviolet（ブルーバイオレット）#8A2BE2	
darkviolet（ダークバイオレット）#9400D3	
purple（パープル）#800080	
darkmagenta（ダークマゼンタ）#8B008B	
mediumvioletred（ミディアムバイオレットレッド）#C71585	

付録

263

付録3 CSSリファレンス（ボックスの配置）

ボックスの垂直方向の間隔について

テキストや図版などを配置するとき、マージン（marginプロパティ）で間隔を調整しますが、垂直方向の指定には注意が必要です。

CSSにはボックスモデルという仕様があり、指定したマージンの合計値にはなりません。例えば、垂直方向に2つのボックスが並んでいて（ボックスの上下の）マージンが24ピクセルだった場合、合計値の48ピクセルではなく、24ピクセルになります。同じ値だと相殺されるわけです。上のボックスのマージンが48ピクセル、下のボックスのマージンが24ピクセルだった場合、間隔は48ピクセルになります。大きい値が適用されます。

CSSを学び始めた初心者が戸惑う仕様になっていますので、以下のサンプル図を確認し、完全に理解しておきましょう。

> **参考**
> ➡ 6-04 余白を設定してみよう（CSS; margin, padding）
> ➡ 6-06 ページ全体を中央揃えにしよう（CSS; margin）
> ➡ 6-09 画像とテキストの間隔を調整してみよう（CSS; margin）

● サンプル1

上の要素は「margin: 24px auto;」（上下のマージンは24ピクセル）、下の要素も「margin: 24px auto;」（上下のマージンは24ピクセル）。この場合のボックスの間隔は「24ピクセル」になります。

垂直方向の場合、CSSでは相殺されるので48ピクセルにはならない

Reference

● サンプル2

上の要素は「margin: 24px auto;」(上下のマージンは24ピクセル)、下の要素は「margin: 0px auto;」(上下のマージンは0ピクセル)。この場合のボックスの間隔は「24ピクセル」になります。

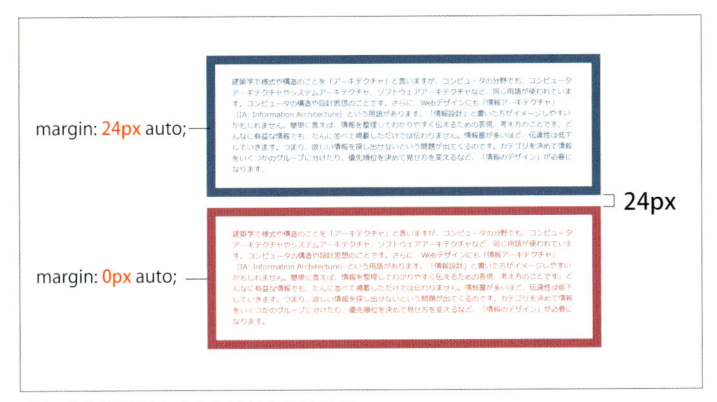

大きい数値が適用されるので24ピクセルになる

● サンプル3

上の要素は「margin: 0px auto;」(上下のマージンは0ピクセル)、下の要素も「margin: 0px auto;」(上下のマージンは0ピクセル)。この場合のボックスの間隔は「0ピクセル」になります。

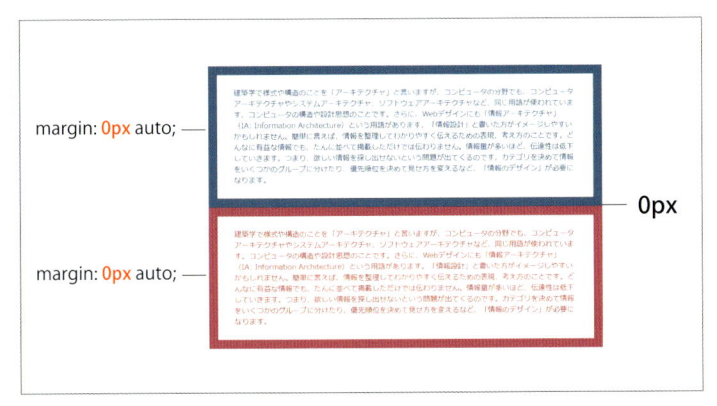

付録

● サンプル4

　上の要素は「margin: 24px auto;」(上下のマージンは24ピクセル)、下の要素は「margin: 48px auto;」(上下のマージンは48ピクセル)。この場合のボックスの間隔は「48ピクセル」になります。

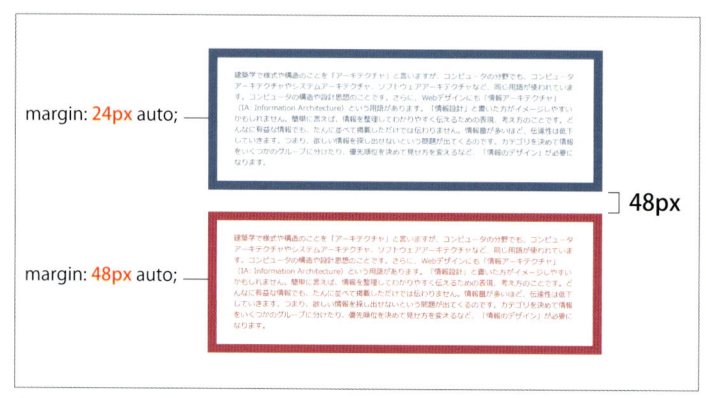

大きい数値が適用されるので48ピクセルになる

● サンプル5

　上の要素は「margin: 24px auto;」(上下のマージンは24ピクセル)、下の要素は「margin: 24px auto; float:right;」(上下のマージンは24ピクセル／フロート(float)を指定)。この場合のボックスの間隔は「48ピクセル」になります。

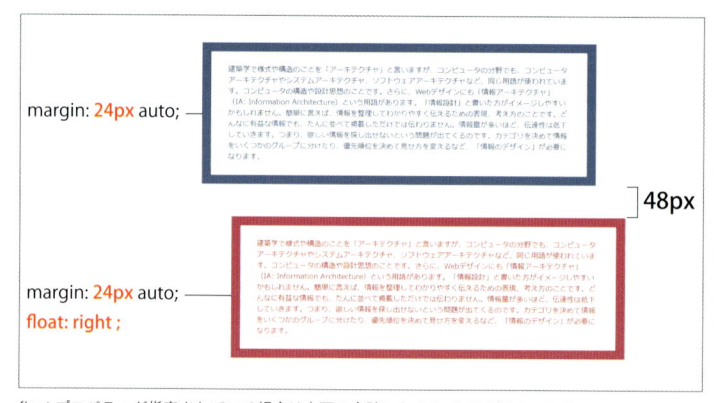

floatプロパティが指定されている場合は上下の合計になるので48ピクセルになる

Reference

● サンプル6

　上の要素は「margin: 24px auto -20px auto;」（上のマージンは24ピクセル、下のマージンは-20ピクセル）、下の要素は「margin: 0px auto;」（上下のマージンは0ピクセル）。この場合のボックスの間隔は「-20ピクセル」になります。

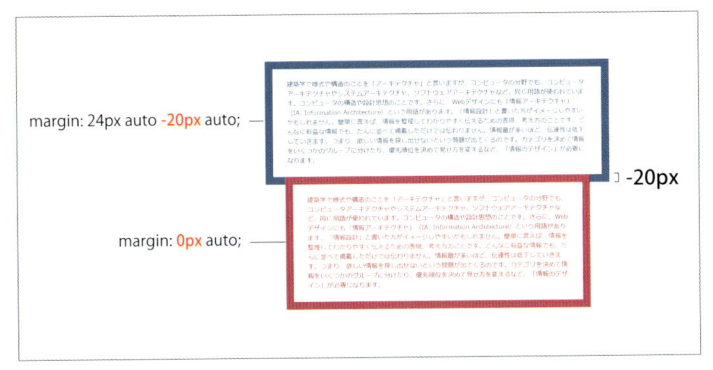

margin: 24px auto -20px auto;
margin: 0px auto;
-20px

マイナス値が適用されるので-20ピクセルになる

● サンプル7

　上の要素は「margin: 24px auto 0px auto;」（上のマージンは24ピクセル、下のマージンは0ピクセル）、下の要素は「margin: -20px auto 0 auto;」（上のマージンは-20ピクセル、下のマージンは0ピクセル）。この場合のボックスの間隔は「-20ピクセル」になります。

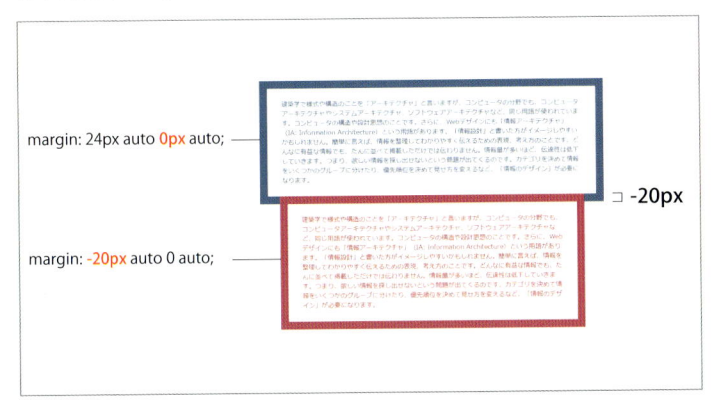

margin: 24px auto 0px auto;
margin: -20px auto 0 auto;
-20px

マイナス値が適用されるので-20ピクセルになる

● サンプル8

上の要素は「margin: 24px auto -40px auto;」（上のマージンは24ピクセル、下のマージンは-40ピクセル）、下の要素は「margin: -20px auto 0 auto;」（上のマージンは-20ピクセル、下のマージンは0ピクセル）。この場合のボックスの間隔は「-40ピクセル」になります。

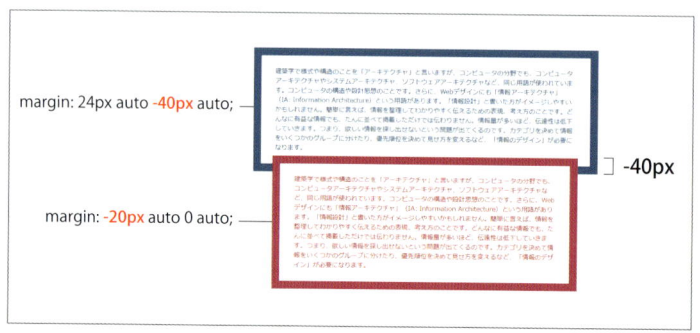

マイナス値が適用されるので-40ピクセルになる

付録 4 CSSリファレンス（レイアウトデザイン）

※サンプルコードあり

レイアウトデザイン見本・図版の配置パターン

第6章のfloatプロパティを使ったテキストの回り込みは、レイアウトデザインの基本になりますが、図版の数が増えたり、複雑な配置になると難易度が高くなっていきます。初心者にとって、float（フロート）の概念は難解なため、自由にレイアウトできるようになるまで時間がかかります。習得のコツは、配置パターンで理解することです。

> 参考
> ➡ 6-08 画像の周辺にテキストを流し込んでみよう（CSS; float）
> ➡ 6-09 画像とテキストの間隔を調整してみよう（CSS; margin）
> ➡ 6-10 テキストの流し込みを止めよう（CSS; clear）
> ➡ 6-11 テキストを2段組で表示してみよう（CSS; float）
> ➡ 6-12 テキストを3段組で表示してみよう（CSS; float）

基本のウェブページ

r4_01_01

```
<div class="section">
  <h3>インターネットの検索機能を活用した情報収集</h3>
  <p><img src="photo.jpg" alt="墓地でくつろぐ猫の写真" />イン
ターネットは私たちの社会に浸透し、多くの人たちにとって欠くことのでき
ない生活の道具になりました。最も利用されているのは電子メールです。電
車に乗ると、(省略)</p>
  <p>検索もインターネットの強力な機能です。私たちは、気になる製品が
あった場合、詳細な情報を得ようとします。どのようなことができるのか、
今までの製品と何が違うのか、価格はいくらか等、製品に関する基本情報に
ついて(省略)</p>
</div>
<div id="footer">
  <p>Copyright c 2013 monkeyish studio</p>
</div>
```

● **図版の左寄せ／テキスト回り込み**　　r4_01_02

```
img {
  float: left;
  padding-right: 1em;
  padding-bottom: 1em;
}
```

● **図版の右寄せ／テキスト回り込み**　　r4_01_03

```
img {
  float: right;
  padding-left: 1em;
  padding-bottom: 1em;
}
```

本文に 2 つの画像が挿入されているパターン

　2 つの画像に同じ指定をしたパターンと、別々の指定をしたパターンです。

　後者は、最初の画像に「float: left;」、2 番目の画像に「float: right;」を指定し、左右に配置しています。「img:nth-of-type(odd) { float: left; }」の「nth-of-type(odd)」は、最初の画像を意味します。「img:nth-of-type(even) { float: left; }」の「nth-of-type(even)」は、2 番目の画像です。

「<p><img src=" 図版 1.jpg"><img src=" 図版 2.jpg"> 記事の本文 </p>」のように、1 つの段落（親要素）の中に 2 つの画像が挿入されている場合に利用できる大変便利な指定方法です。

● 基本のウェブページ

`r4_02_01`

```
<div class="section">
  <h3>インターネットの検索機能を活用した情報収集</h3>
  <p><img src="photo.jpg" alt="墓地でくつろぐ猫の写真" /><img src="photo2.jpg" alt="墓地でくつろぐ猫の写真" />インターネットは私たちの社会に浸透し、多くの人たちにとって欠くことのできない生活の道具になりました。最も利用されているのは電子メールです。電車に乗ると、(省略)</p>
  <p>検索もインターネットの強力な機能です。私たちは、気になる製品があった場合、詳細な情報を得ようとします。どのようなことができるのか、今までの製品と何が違うのか、価格はいくらか等、製品に関する基本情報について(省略)</p>
</div>
<div id="footer">
  <p>Copyright c 2013 monkeyish studio</p>
</div>
```

● 図版の左寄せ／テキスト回り込み

`r4_02_02`

```
img {
  float: left;
  padding-right: 1em;
  padding-bottom: 1em;
}
```

● 図版の右寄せ／テキスト回り込み

`r4_02_03`

```
img {
  float: right;
  padding-left: 1em;
  padding-bottom: 1em;
}
```

Reference

● 最初の図版を左寄せ・2番目の図版を右寄せ／テキスト回り込み

`r4_02_04`

```
img:nth-of-type(odd) {
  float: left;
  padding-right: 1em;
  padding-bottom: 1em;
}

img:nth-of-type(even) {
  float: right;
  padding-left: 1em;
  padding-bottom: 1em;
}
```

● 最初の図版を右寄せ・2番目の図版を左寄せ／テキスト回り込み

`r4_02_05`

```
img:nth-of-type(odd) {
  float: right;
  padding-left: 1em;
  padding-bottom: 1em;
}

img:nth-of-type(even) {
  float: left;
  padding-right: 1em;
  padding-bottom: 1em;
}
```

付録

2つの段落に画像が挿入されているパターン

2つの画像に同じ指定（float: left;）をすると、テキストが回り込みますが、float（フロート）を解除しないと、2番目の画像も最初の画像の右側に回り込んでしまいます。2つ目の段落と一番下の著作権表示の部分で、float（フロート）を解除する必要があります。

まず、2つ目の段落にclassを追加します。<p>を<p class="clear">にします。著作権表示の部分は「<div id="footer">著作権表示</div>」と記述されていますので、「.clear, #footer { clear: both; }」と指定すれば、2箇所でfloat（フロート）が解除されます。

● **基本のウェブページ** r4_03_01

```
<div class="section">
  <h3>インターネットの検索機能を活用した情報収集</h3>
  <p><img src="photo.jpg" alt="墓地でくつろぐ猫の写真" />インターネットは私たちの社会に浸透し、多くの人たちにとって欠くことのできない生活の道具になりました。最も利用されているのは電子メールです。電車に乗ると、（省略）</p>
  <p><img src="photo2.jpg" alt="墓地でくつろぐ猫の写真" />検索もインターネットの強力な機能です。私たちは、気になる製品があった場合、詳細な情報を得ようとします。どのようなことができるのか、今までの製品と何が違うのか、価格はいくらか等、製品に関する基本情報について（省略）</p>
</div>
<div id="footer">
  <p>Copyright c 2013 monkeyish studio</p>
</div>
```

Reference

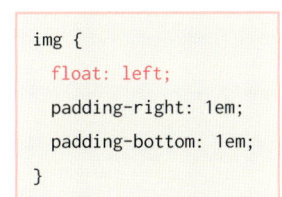

●図版の左寄せ／テキスト回り込み（フロートの解除なし） `r4_03_02`

```
img {
    float: left;
    padding-right: 1em;
    padding-bottom: 1em;
}
```

付録

● 図版の左寄せ／テキスト回り込み（フロートを解除） r4_03_03

```css
.clear, #footer {
  clear: both;
}
```

```html
<div class="section">
  <h3>インターネットの検索機能を活用した情報収集</h3>
  <p><img src="photo.jpg" alt="墓地でくつろぐ猫の写真" />インターネットは私たちの社会に浸透し、多くの人たちにとって欠くことのできない生活の道具になりました。最も利用されているのは電子メールです。電車に乗ると、（省略）</p>
  <p class="clear"><img src="photo2.jpg" alt="墓地でくつろぐ猫の写真" />検索もインターネットの強力な機能です。私たちは、気になる製品があった場合、詳細な情報を得ようとします。どのようなことができるのか、今までの製品と何が違うのか、価格はいくらか等、製品に関する基本情報について（省略）</p>
</div>
<div id="footer">
  <p>Copyright c 2013 monkeyish studio</p>
</div>
```

Reference

● 最初の図版を左寄せ・2番目の図版を右寄せ／テキスト回り込み（フロートを解除）

`r4_03_04`

```
img {
  float: left;
  padding-right: 1em;
  padding-bottom: 1em;
}

img[src$="2.jpg"] {
  float: right;
  padding-left: 1em;
  padding-bottom: 1em;
}
```

● 最初の図版を右寄せ・2番目の図版を左寄せ／テキスト回り込み（フロートを解除）

`r4_03_05`

```
img {
  float: right;
  padding-left: 1em;
  padding-bottom: 1em;
}

img[src$="2.jpg"] {
  float: left;
  padding-right: 1em;
  padding-bottom: 1em;
}
```

付録

画像にキャプションを付けたパターン

本文に挿入していた画像を外に出して「\<div>\<p>\<img src=" 画像 1.jpg">\</p>\<p> キャプション \</p>\</div>」のように記述します。

さらに、class を追加します。\<div> を \<div class="figure"> に「\<p> キャプション \</p>」を「\<p class="figcaption"> キャプション \</p>」にします。\<div class="figure"> に対して、「.figure { float: left; }」を指定すれば、キャプション付きの画像が左寄せになります。

● **基本のウェブページ**　　　　　　　　　　　　　　　　　　　　　　　r4_04_01

```
<div class="section">
  <h3> インターネットの検索機能を活用した情報収集 </h3>
  <div class="figure">
    <p><img src="photo.jpg" alt=" 墓地でくつろぐ猫の写真 " /></p>
    <p class="figcaption"> ネットであれば場所や時間に拘束されることなく迅速に情報収集できる </p>
  </div>
  <p> インターネットは私たちの社会に浸透し、多くの人たちにとって欠くことのできない生活の道具になりました。最も利用されているのは電子メールです。電車に乗ると、携帯電話を使って受信したメールをチェックしたり、（省略）</p>
  <p> 検索もインターネットの強力な機能です。私たちは、気になる製品があった場合、詳細な情報を得ようとします。どのようなことができるのか、今までの製品と何が違うのか、価格はいくらか等、製品に関する基本情報について（省略）</p>
</div>
<div id="footer">
  <p>Copyright c 2013 monkeyish studio</p>
</div>
```

Reference

● キャプション付き図版の左寄せ／テキスト回り込み   r4_04_02

```
.figure {
  float: left;
  width:220px;
  padding-right: 1em;
}

.figure p {
  margin:0;
  padding:0;
}

.figcaption {
  color:#224499;
  font-size:0.8em;
}
```

付録

279

● **キャプション付き図版の左寄せ／テキスト回り込み**　　　r4_04_03

```
.figure {
  float: right;
  width:220px;
  padding-left: 1em;
}

.figure p {
  margin:0;
  padding:0;
}

.figcaption {
  color:#224499;
  font-size:0.8em;
}
```

キャプション付き画像＋段落のパターン

キャプション付きの画像が2つ、段落の前に配置されているパターンです。

float（フロート）を解除しないと、2番目の画像も最初の画像の右側に回り込んでしまいます。このサンプルでは、2つ目の画像の前に「<p class="clear"></p>」を追加して、「.clear { clear: both; }」で解除しています。

● **基本のウェブページ**　　　r4_05_01

```
<div class="section">
  <h3> インターネットの検索機能を活用した情報収集 </h3>
  <div class="figure">
    <p><img src="photo.jpg" alt=" 墓地でくつろぐ猫の写真 " /></p>
    <p class="figcaption"> ネットであれば場所や時間に拘束されることなく迅速に情報収集できる </p>
```

Reference

```
    </div>
    <p>インターネットは私たちの社会に浸透し、多くの人たちにとって欠く
ことのできない生活の道具になりました。最も利用されているのは電子メー
ルです。電車に乗ると、携帯電話を使って受信したメールをチェックしたり、
（省略）</p>
    <p class="clear"></p>
    <div class="figure">
      <p><img src="photo2.jpg" alt=" 墓地でくつろぐ猫の写真 " /></p>
      <p class="figcaption"> ネットは多くの人たちにとって欠くことので
きない生活の道具になった </p>
    </div>
    <p> 検索もインターネットの強力な機能です。私たちは、気になる製品が
あった場合、詳細な情報を得ようとします。どのようなことができるのか、
今までの製品と何が違うのか、価格はいくらか等、製品に関する基本情報に
ついて（省略）</p>
</div>
<div id="footer">
  <p>Copyright c 2013 monkeyish studio</p>
</div>
```

● 最初の図版を左寄せ・2番目の図版を右寄せ／テキスト回り込み（フロートを解除） A

```
.figure {                r4_05_02
  float: left;
  width:220px;
  padding-right: 1em;
}

.figure2 {
  float: right;
  width:220px;
  padding-left: 1em;
}

.figure p, .figure2 p {
  margin:0;
  padding:0;
}

.figcaption {
  color:#224499;
  font-size:0.8em;
}

.clear {
  clear: both;
  padding-top:0.3em;
}

#footer {
  clear: both;
}
```

● 最初の図版を左寄せ・2番目の図版を右寄せ／テキスト回り込み（フロートを解除）文章量が多いパターン B

```
.figure {                r4_05_03
  float: right;
  width:220px;
  padding-left: 1em;
}

.figure2 {
  float: left;
  width:220px;
  padding-right: 1em;
}

.figure p, .figure2 p {
  margin:0;
  padding:0;
}

.figcaption {
  color:#224499;
  font-size:0.8em;
}

.clear {
  clear: both;
  padding-top:0.3em;
}

#footer {
  clear: both;
}
```

Reference

A

インターネットの検索機能を活用した情報収集

インターネットは私たちの社会に浸透し、多くの人たちにとって欠くことのできない生活の道具になりました。最も利用されているのは電子メールです。電車に乗ると、携帯電話を使って受信したメールをチェックしたり、返信文を入力している人をたくさん見かけます。インターネットが商用化される前は、電話をかけるしか方法がありませんでしたので、大きな変化だといえるでしょう。

ネットであれば場所や時間に拘束されることなく迅速に情報収集できる

検索もインターネットの強力な機能です。私たちは、気になる製品があった場合、詳細な情報を得ようとします。どのようなことができるのか、今までの製品と何が違うのか、価格はいくら等、製品に関する基本情報について集めます。家電量販店などに行けば、カタログがありますし、店員に詳しい情報を聞くこともできますが、インターネットなら場所や時間に拘束されることなく、迅速に情報収集できます。

ネットは多くの人たちにとって欠くことのできない生活の道具になった

Copyright © 2013 monkeyish studio

B

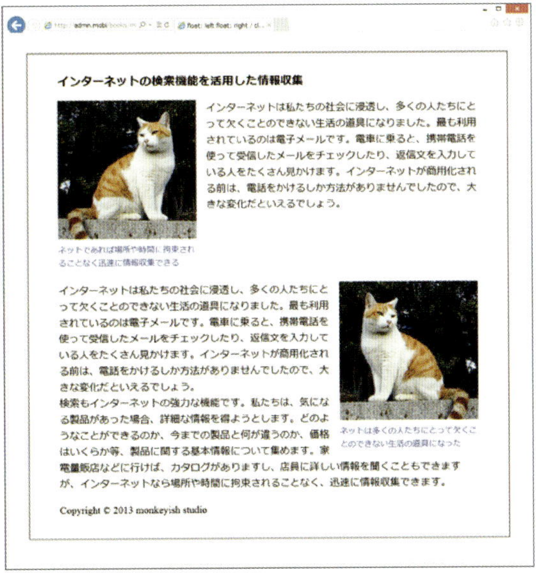

インターネットの検索機能を活用した情報収集

インターネットは私たちの社会に浸透し、多くの人たちにとって欠くことのできない生活の道具になりました。最も利用されているのは電子メールです。電車に乗ると、携帯電話を使って受信したメールをチェックしたり、返信文を入力している人をたくさん見かけます。インターネットが商用化される前は、電話をかけるしか方法がありませんでしたので、大きな変化だといえるでしょう。

ネットであれば場所や時間に拘束されることなく迅速に情報収集できる

インターネットは私たちの社会に浸透し、多くの人たちにとって欠くことのできない生活の道具になりました。最も利用されているのは電子メールです。電車に乗ると、携帯電話を使って受信したメールをチェックしたり、返信文を入力している人をたくさん見かけます。インターネットが商用化される前は、電話をかけるしか方法がありませんでしたので、大きな変化だといえるでしょう。

検索もインターネットの強力な機能です。私たちは、気になる製品があった場合、詳細な情報を得ようとします。どのようなことができるのか、今までの製品と何が違うのか、価格はいくら等、製品に関する基本情報について集めます。家電量販店などに行けば、カタログがありますし、店員に詳しい情報を聞くこともできますが、インターネットなら場所や時間に拘束されることなく、迅速に情報収集できます。

ネットは多くの人たちにとって欠くことのできない生活の道具になった

Copyright © 2013 monkeyish studio

付録

● 最初の図版を右寄せ・2番目の図版を左寄せ
／テキスト回り込み（フロートを解除）

```
.figure {                r4_05_04
  float: right;
  width:220px;
  padding-left: 1em;
}

.figure2 {
  float: left;
  width:220px;
  padding-right: 1em;
}

.figure p, .figure2 p {
  margin:0;
  padding:0;
}

.figcaption {
  color:#224499;
  font-size:0.8em;
}

.clear {
  clear: both;
  padding-top:0.3em;
}

#footer {
  clear: both;
}
```

INDEX

HTML（要素）● CSS（プロパティ）▲
HTML（属性）○ CSS（値）△
HTML(属性値) ◎ （）内は適用する要素／属性／プロパティ

- ◎ _blank（target）..........110
- ◎ _parent（target）........111
- ◎ _self（target）.............111
- ◎ _top（target）.............111
- ● a...................................104
- ● a:active.......................118
- ● a:hover.......................118
- ● a:link..........................118
- ● a:visited.....................118
- △ absolute
   （position）..................150
- ● address.......................50
- ○ alt（img）....................80
- ○ alt（input）................192
- ● audio..........................204
- △ auto（margin）..........132
- ▲ background-color....170
- ▲ background-image....96
- ▲ background-position..98
- ▲ background-repeat....98
- ● blockquote..................64
- ● body............................40
- ▲ border.......................130
- ○ border（img）............92
- ○ border（table）.........159
- ▲ border-collapse........162
- △ both（clear）............141
- ▲ bottom......................151
- ● br................................58
- ● button.......................180
- △ center（text-align）.....90
- ◎ checkbox（type）....188
- ○ cite（blockquote）.....64
- ○ class............................27
- ○ class（div）...............126
- ▲ clear...........................140

- ▲ color..........................170
- ○ cols（textarea）........182
- ○ colspan（td）............166
- ▲ column-count...........146
- ▲ column-gap...............149
- ▲ column-rule..............149
- ○ content（meta）........48
- ○ controls（video）.....199
- △ dashed（border）.....93
- ▲ display.........................91
- △ distribute
   （text-justify）............135
- ● div..............................124
- △ dotted（border）......93
- △ double（border）.....93
- ● em................................62
- ● fieldset......................186
- ● figcaption...................88
- ● figure..........................88
- △ fixed（table-layout）.168
- ▲ float...........................136
- ▲ font-family.................70
- ▲ font-size......................68
- ● form...........................174
- △ groove（border）......93
- ● h1 ～ h6.....................56
- ○ height（img）............84
- ○ href（a）...................104
- ● html.............................17
- ○ id.................................27
- ○ id（h1 ～ h6）.........108
- ○ id（div）...................126
- ● img..............................80
- ● input..........................176
- △ inset（border）.........93
- △ justify（text-align）..135

- ● keygen.......................185
- △ left（clear）..............140
- △ left（float）..............136
- ● legend.......................186
- ● li..................................60
- ▲ line-height..................72
- △ lr-tb
   （writing-mode）.........153
- ◎ mailto：～（href）...114
- ▲ margin.......................128
- ▲ margin-left...............132
- ▲ margin-right............132
- ○ maxlength
   （textarea）..................182
- △ max-width（img）.....95
- ● meta............................46
- △ monospace
   （font-family）..............71
- ○ multiple（select）....191
- ○ name（meta）...........46
- ○ name（textarea）.....182
- △ none（border）.........93
- △ none
   （text-decoration）....119
- △ no-repeat（background-
   repeat）.......................98
- ● ol.................................61
- ● option.......................190
- △ outset（border）.......93
- ● p..................................58
- ▲ padding....................128
- ▲ padding-bottom.......138
- ▲ padding-right...........138
- ▲ padding-top..............139
- ◎ password（type）....184

285

- ○ placeholder（textarea）...... 183
- ▲ position 150
- ○ poster（video）...... 199
- ● q 65
- ◎ radio（type）...... 188
- △ repeat-X（background-repeat）...... 98
- ○ required(input) 184
- ◎ reset（type）...... 178
- △ ridge（border）...... 93
- △ right（clear）...... 141
- △ right（float）...... 136
- △ right（text-align）...... 134
- ○ rows（textarea）...... 182
- ○ rowspan（td）...... 164
- ● rp 66
- ● rt 66
- ● ruby 66
- △ sans-serif（font-family）...... 71
- ● select 190
- △ serif（font-family）...... 71
- ○ size（select）...... 191
- △ solid（border）...... 93
- ● source 198
- ○ src（img）...... 80
- ○ src（input）...... 192
- ○ src（source）...... 198
- ● strong 62
- ◎ submit（type）...... 178
- ● table 158
- ▲ table-layout 168
- ○ target（a）...... 110
- ● tbody 156
- ● td 158
- ◎ text（type）...... 176
- ● textarea 182
- ▲ text-align 90
- ▲ text-decoration 119
- ▲ text-indent 74
- ▲ text-justify 135
- ● th 158
- ● thead 156
- ● title 44
- ○ title（img）...... 80
- △ top center（background-position）...... 98
- ● tr 158
- ○ type（button）...... 180
- ○ type（input）...... 176
- ○ type（source）...... 198
- ● ul 60
- △ url()（background-image）...... 96
- ○ value（input）...... 178
- △ vertical-rl（writing-mode）...... 152
- ● video 198
- ◎ viewport（name）...... 214
- ○ width（img）...... 84
- △ width（img）...... 94
- ◎ width=device-width（content）...... 214
- ▲ writing-mode 152

記号、英数字

- % 94
- ＋1ボタン 232
- Android 216
- Android タブレット 220
- CGI プログラム 174
- CSS 3 25
- CSS 2.1 24
- DOCTYPE 宣言 ...... 40、42
- em 68
- Facebook 230
- Flash 208
- Gecko 32
- Google ...... 32、232
- Google マップ 206
- HTML5 14
- ID 名 ...... 108、126
- iOS 33
- iPad 218
- iPhone 214
- JavaScript 180
- Media Queries 222
- Miro Video Converter ...... 198、204
- PDF ファイル 112
- Presto 33
- px 68
- Reset CSS 35
- SEO 23
- SNS 226
- Trident 32
- Twitter 228
- Ustream 202
- W3C 15
- Webkit 32

INDEX

XHTML 14
XML 14
YouTube 200
Zenback 236
ZIP ファイル 112

あ行
意味画像 78
インタラクティブ・コンテンツ ...... 19、248
インライン要素 18
ウェブサイト 20
エンジン 32
エンベッディッド・コンテンツ ...... 19、247

か行
擬似クラス 118
キャプション 88
グループルビ 67
継承 30
固定レイアウト 122
コンテンツ情報 40

さ行
スタイリング作業 21
セクショニング・コンテンツ .... 19、244
セレクタ 26
絶対配置 150
セマンティックタグ 124
セル 160
ソーシャルブックマーク 226
ソーシャルボタン 227
ソーシャルメディア 227
装飾画像 78

た行
ダウンロードリンク 112
タグ 16
縦書き 152
チェックボックス 188
デフォルト CSS 34

な行
ノーマライズ 35

は行
ハイパーテキスト 12
ハイパーリンク .... 12、104
はてなブックマークボタン 234
パディング 128
ピクセル密度 212
ビューポート 213
浮動化 137
フレージング・コンテンツ .... 19、245
プレースホルダー 103
プレフィックス 146
フロー・コンテンツ .... 19、240
ブロックレベル要素 18
プロパティ 26
ヘッダ情報 40
ヘッディング・コンテンツ .... 19、243
ボックスモデル 128

ま行
マークアップ 16
マークアップランゲージ 12
マージン 128
回り込み .... 136、138、140
メーラー 114
メタデータ 46
メタデータ・コンテンツ .... 19、242
メディアクエリ 222
モノルビ 67

や行
余白 128

ら行
ラジオボタン 188
ラスターグラフィックス 79
リキッドレイアウト 122
レスポンシブ・デザイン 123

わ行
枠線 92

287

お問い合わせについて

本書に関するご質問については、本書に記載されている内容に関するもののみとさせていただきます。本書の内容と関係のないご質問につきましては、一切お答えできませんので、あらかじめご了承ください。また、電話でのご質問は受け付けておりませんので、必ずFAXか書面にて下記までお送りください。
なお、ご質問の際には、必ず以下の項目を明記していただきますようお願いいたします。

1 お名前
2 返信先の住所またはFAX番号
3 書名
　（今すぐ使えるかんたんPLUS
　　HTML & CSS 逆引き大事典）
4 本書の該当ページ
5 ご使用のOSとソフトウェアのバージョン
6 ご質問内容

なお、お送りいただいたご質問には、できる限り迅速にお答えできるよう努力いたしておりますが、場合によってはお答えするまでに時間がかかることがあります。また、回答の期日をご指定なさっても、ご希望にお応えできるとは限りません。あらかじめご了承くださいますよう、お願いいたします。
ご質問の際に記載いただきました個人情報は、回答後速やかに破棄させていただきます。

問い合わせ先

〒162-0846
東京都新宿区市谷左内町 21-13
株式会社技術評論社　書籍編集部
「今すぐ使えるかんたんPLUS
HTML & CSS 逆引き大事典」質問係
FAX番号　03-3513-6167

URL：http://book.gihyo.jp

■ お問い合わせの例

FAX

1 お名前
技評　太郎

2 返信先の住所または FAX 番号
03-××××-××××

3 書名
今すぐ使えるかんたんPLUS
HTML & CSS 逆引き大事典

4 本書の該当ページ
67ページ

5 ご使用のOSとソフトウェアのバージョン
Windows 8 Home Premium
Internet Explorer 10

6 ご質問内容
ルビが表示されない

今すぐ使えるかんたんPLUS
HTML & CSS 逆引き大事典

2013年6月1日　初版　第1刷発行

著者●境　祐司
発行者●片岡　巌
発行所●株式会社 技術評論社
　　　　東京都新宿区市谷左内町 21-13
　　　　電話　03-3513-6150　販売促進部
　　　　　　　03-3513-6160　書籍編集部
担当●渡辺　陽子
装丁●菊池　祐（ライラック）
本文デザイン● BUCH⁺
DTP ●技術評論社制作業務部
製本／印刷●図書印刷株式会社

定価はカバーに表示してあります。

落丁・乱丁がございましたら、弊社販売促進部までお送りください。
交換いたします。
本書の一部または全部を著作権法の定める範囲を超え、無断で
複写、複製、転載、テープ化、ファイルに落とすことを禁じます。

ISBN978-4-7741-5632-3 C2004

Printed in Japan